U0258991

中国科学技术大学教务处　生命科学学院　组编

中国科学技术大学
校园植物图鉴

沈显生/主审
钱栎屾　邱燕宁/编著

中国科学技术大学出版社

内 容 简 介

本书介绍了中国科学技术大学校园中229种常见的维管束植物,包括植物的主要特征、利用价值、识别特征和资源状况等,并配有大量精彩的植物照片,书末附有植物学基础知识简介。

本书作为一本植物分类学科普和环境教育的读物,图文并茂,设计精美,适合高校师生、中学生、园林工作者和植物爱好者使用,具有一定的参考价值和鉴赏价值。

图书在版编目(CIP)数据

中国科学技术大学校园植物图鉴/钱栎屾,邱燕宁编著.—合肥:中国科学技术大学出版社,2016.3(2016.4重印)
ISBN 978-7-312-03929-4

Ⅰ.中… Ⅱ.①钱… ②邱… Ⅲ.中国科学技术大学—植物—图集 Ⅳ.Q948.525.41-64

中国版本图书馆CIP数据核字(2016)第043666号

出版 中国科学技术大学出版社
安徽省合肥市金寨路96号,邮编:230026
网址:http://press.ustc.edu.cn
印刷 安徽国文彩印有限公司
发行 中国科学技术大学出版社
经销 全国新华书店
开本 787 mm×1092 mm 1/32
印张 8.625
字数 256千
版次 2016年3月第1版
印次 2016年4月第2次印刷
定价 40.00元

热爱自然，
钟情学术。
置身科大，
成就未来。

万立骏

USTC

序 言

在中国科学技术大学的校园里，最著名的观赏植物可能是樱花（日本晚樱）。每年的清明节前后，东校区第一教学楼前的樱花盛开，便会吸引众多师生和合肥市民前来欣赏，繁花似锦，游人如织。不仅如此，中国科大校园里，还有许多非常珍稀、奇特的观赏植物，像东校区的紫藤和石榴，西校区的七叶树和锦带花，南校区的杂交鹅掌楸和深山含笑等等。就是这些多种多样、缤彩纷呈的植物，装点了中国科大优美的校园。

在人才的成长过程中，兴趣是最好的老师。中国科大生命学院2011级的钱栎屾和2012级的邱燕宁两位本科生，出于对植物学浓厚的兴趣和热爱，在极其繁重的课程学习之余，连续两年对校园植物进行了调查和鉴定，编写了这本《中国科学技术大学校园植物图鉴》。

本书作为一本自然教育或环境教育的读物，其目的不仅是使读者识别和欣赏各类植物，而且还可让读者获得许多植物学相关知识，培养他们保护自然、热爱自然和亲近自然的意识，使之在鉴赏过程中修身养性。鉴赏之余，你可能会发现，在花卉和野草之间并无严格的界线，而是全凭人们的爱好和情趣所决定的。“苔花如米小，也学牡丹开。”你看那些路边不起眼的野草，虽然生长环境非常恶劣，有的甚至连茎叶都残缺不全，却坚韧地拥抱着阳光，绽放出美丽的花朵，释放怡人的芳香，彰显生命的力量。

本书由两名本科生编著，这在国内高校中是很难得的。正如托马斯·亨利·赫胥黎说：“世界的未来掌握在那些对于自然的解释能够比他们的前辈更进一步的人手里。大学最重要的职责，就在于发现这些人，爱护这些人，并培养他们最大限度地服务于自己事业的能力。”中国科大正是这样，善于发现并培养这些奇才，为他们的健康成长创造良好的条件。为此，中国科学技术大学教务处和生命科学学院对该书的出版给予了一定的经费资助，生命科学学院相关教师给予了无私的指导和帮助，中国科学技术大学出版社的编辑们为此书的出版付出了大量辛勤的劳动，在此一并致谢。

沈显生

中国科学技术大学生命科学学院

2015 年 12 月 26 日

前 言

中国科学技术大学有东、西、南、北、中5个校区，观赏植物主要集中栽植于东区、西区和南区。2013~2015年，我们对现有的校园植物资源进行了系统的调查研究，发现共有维管束植物种类320种，隶属于95科224属（依据恩格勒系统）。为了方便关心中国科大的人深入了解和欣赏这些美丽的校园植物，我们特编写了《中国科学技术大学校园植物图鉴》一书。

本植物图鉴已为每种植物鉴定出名称和学名，以大量的图片资料来展现植物的主要特征，并且辅以少量文字描述，方便人们观察和认识校园内的常见植物。其中收录了较为常见且具有观赏价值的校园植物229种，但不包括教学楼、图书馆等室内摆放的盆栽植物，也不包括火灾实验室、同步辐射实验室、东区家属住宅区一楼私家庭院内栽种的植物。图鉴中的每种植物基本都有花、果、叶、整株的照片，有些还包括果序、花序、叶序、托叶等重要的形态特征。

正文部分的每种植物包括“形态特征”“利用价值”“识别特征”“其他”“资源状况”5个部分。其中，“形态特征”简单描述了最重要、最显著的分类学特征，具有很强的专业性;“利用价值”记述了该植物是否有毒、是否可食用、可食用部位、是否可药用及药用价值、园林观赏价值、是否为野生等信息；“识别特征”为该植物的最重要的识别特征，由笔者结合相关植物志中关键特征的描述和自己的识别经验总结而成。如果校内有同科或同属的难以区分的相近种，也会说明相似种之间如何简易地区分，如杉科落羽杉属的池杉（*Taxodium ascendens*）和水杉属的水杉（*Metasequoia glyptostroboides*），豆科苜蓿属的南苜蓿（*Medicago hispida*）、天蓝苜蓿（*M. lupulina*）和小苜蓿（*M. minima*）之间的区别。“其他”部分或是有特殊、明确含义的属名、种加词的中文翻译，有利于辅助理解植物的部分特征、原产地等信息，或是有趣味含义的中文名、俗名的解释，或是说明植物的保护价值等。如银杏（*Ginkgo biloba*）的属名、种加词释义等。“资源状况”介绍了该植物在校园中的分布及其原产地信息。为了帮助大家理解植物的形态特征，我们在书末向读者介绍了植物学的一些基本知识。

本书的出版，得到了中国科学技术大学生命科学学院沈显生老师和黄丽华老师的指导，生命科学学院邸智勇老师为本书的绘图提供了帮助，教务处和生命科学学院提供了出版资金，生命科学学院2012级本科生宋琰娟同学和计算机科学与技术学院2015级硕士研究生李进阳同学协助我们进行了文字润色，在此我们表示衷心的感谢。

钱栎屾

2015年10月

目录

第1部分　乔木和灌木植物

030 天目木兰 *Magnolia amoena* Cheng
031 鹅掌楸 *Liriodendron chinense* (Hemsl.) Sarg.
032 杂交鹅掌楸 *Liriodendron chinense* × *tulipifera*
033 含笑 *Michelia figo* (Lour.) Spreng
034 蜡梅 *Chimonanthus praecox* (L.) Link.
036 樟 *Cinnamomum camphora* (L.) Presl.
037 海桐 *Pittosporum tobira* (Thunb.) Ait.
038 枫香 *Liquidambar formosana* Hance
039 蚊母树 *Distylium racemosum* Sieb. et Zucc.
040 红花檵木 *Loropetalum chinense* (R. Br.) Oliv. var. *rubrum* Yieh
041 杜仲 *Eucommia ulmoides* Oliv.
042 一球悬铃木 *Platanus occidentalis* L.
043 二球悬铃木 *Platanus acerifolia* (Ait.) Willd.
044 月季 *Rosa chinensis* Jacq.
045 野蔷薇 *Rosa multiflora* Thunb.
046 桃 *Amygdalus persica* L.
047 李 *Prunus salicina* Lindl.
048 紫叶李 *Prunus cerasifera* Ehrh. f. *atropurpurea* (Jacq.) Rehd.
049 杏 *Armeniaca vulgaris* Lam.
050 梅 *Armeniaca mume* (Sieb.) Sieb. et Zucc.
052 山樱花 *Cerasus serrulata* (Lindl.) G. Don ex Lond.
053 日本晚樱 *Cerasus serrulata* (Lindl.) G. Don ex Lond. var. *lannesiana* (Carr.) Rehd.
054 枇杷 *Eriobotrya japonica* (Thunb.) Lindl.
055 木瓜 *Chaenomeles sinensis* (Thouin) Koehne
056 贴梗海棠 *Chaenomeles speciosa* (Sweet) Nakai
057 杜梨 *Pyrus betulifolia* Bunge
058 垂丝海棠 *Malus halliana* Konhne
059 粉花绣线菊 *Spiraea japonica* L. f.
060 李叶绣线菊 *Spiraea prunifolia* Sieb. et Zucc.
061 菱叶绣线菊 *Spiraea vanhouttei* (Briot) Zabel
062 插田泡 *Rubus coreanus* Miq.
063 茅莓 *Rubus parvifolius* L.
064 火棘 *Pyracantha fortuneana* (Maxim.) H. L. Li
065 石楠 *Photinia serrulata* Lindl.
066 重瓣棣棠 *Kerria japonica* (L.) DC. f. *pleniflora* (Witte) Rehd.

第2部分 藤本植物

第3部分 草本植物

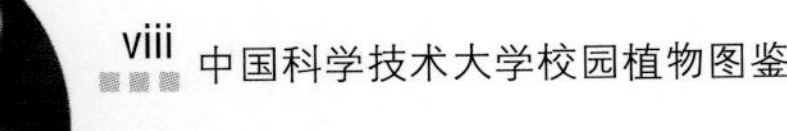

183 天蓝苜蓿 *Medicago lupulina* L.
184 米口袋 *Gueldenstaedtia multiflora* Bunge
185 酢浆草 *Oxalis corniculata* L.
186 红花酢浆草 *Oxalis corymbosa* DC.
187 三角叶酢浆草 *Oxalis triangularis* A. St.-Hil.
188 野老鹳草 *Geranium carolinianum* L.
189 泽漆 *Euphorbia helioscopia* L.
190 斑地锦 *Euphorbia maculata* L.
191 乳浆大戟 *Euphorbia esula* L.
192 蓖麻 *Ricinus communis* L.
193 铁苋菜 *Acalypha australis* L.
194 苘麻 *Abutilon theophrasti* Medic.
195 百蕊草 *Thesium chinense* Turcz.
196 白花地丁 *Viola patrinii* DC. ex Ging.
197 紫花地丁 *Viola philippica* Cav.
198 天胡荽 *Hydrocotyle sibthorpioides* Lam.
199 细叶旱芹 *Apium leptophyllum* F. Muell.
200 点地梅 *Androsace umbellata* (Lour.) Merr.
201 泽珍珠菜 *Lysimachia candida* Lindl.
202 多苞斑种草 *Bothriospermum secundum* Maxim.
204 马蹄金 *Dichondra repens* Forst.
205 多花筋骨草 *Ajuga multiflora* Bunge
206 一串红 *Salvia splendens* Ker.-Gawl.
207 荔枝草 *Salvia plebeia* R. Br.
208 邻近风轮菜 *Clinopodium confine* (Hance) O. Ktze
209 活血丹 *Glechoma longituba* (Nakai) Kupr.
210 夏枯草 *Prunella vulgaris* L.
211 宝盖草 *Lamium amplexicaule* L.
212 随意草 *Physostegia virginiana* (L.) Benth.
213 婆婆纳 *Veronica didyma* Tenore
214 直立婆婆纳 *Veronica arvensis* L.
215 阿拉伯婆婆纳 *Veronica persica* Poir.
216 蚊母草 *Veronica peregrina* L.
217 夏堇 *Torenia fournieri* Lind. ex E. Fourn.
218 通泉草 *Mazus japonicus* (Thunb.) O. Kuntze
219 弹刀子菜 *Mazus stachydifolius* (Turcz.) Maxim.

第一部分

乔木和灌木植物

QIAOMU HE GUANMU ZHIWU

银杏 *Ginkgo biloba* L.

科属:银杏科　银杏属

别名:公孙树、白果

形态特征:落叶乔木,喜光树种。雌株的大枝常较雄株开展,和主干近垂直。叶扇形,顶端2裂,叶脉二歧状;叶在一年生长枝上螺旋状散生,在短枝上呈簇生状。球花单性,雌雄异株;雄球花下垂,柔荑花序状,雌球花具长梗,梗端常分两叉,每叉顶生1枚胚珠。花期3~4月,种子9~10月成熟。

利用价值:种子供食用及药用,肉质外种皮有毒。栽培观赏。

识别特征:叶扇形,顶端2裂,极易识别。

其他:"bi"意为二,"loba"意为裂片,"biloba"意为"2裂的",说明叶片特有的形状。银杏指种子未熟时外被白色蜡粉,像银色杏子。种子成熟后金黄色。Ginkgo来源于银杏一词在日语中的发音"ギンキョウ"(ginkyo)。实际上银杏只有种子,无果实,是裸子植物。为中生代孑遗的稀有树种,我国特产。

资源状况:校园常见。仅浙江天目山有野生。

黑松 *Pinus thunbergii* Parl.

科属:松科　松属

别名:白芽松

形态特征:乔木。幼树树皮暗灰色,老树则灰黑色粗厚,裂成块片脱落;一年生枝淡褐黄色,无毛。针叶2针一束,深绿色,有光泽,粗硬,长6~12厘米。雄球聚生于新枝下部;雌球花单生或2~3枚聚生于新枝近顶端。球果熟时褐色,圆锥状卵圆形有短梗,向下弯垂;中部种鳞卵状椭圆形,鳞盾微肥厚,横脊显著,鳞脐微凹,有短刺;种子有翅。花期4~5月,种子第二年10月成熟。

利用价值:做木材,提取树脂。园林绿化。

识别特征:一年生枝淡褐黄色,无毛,冬芽灰白色;叶2针一束,深绿色,粗硬;雄球花淡红褐色,聚生于新枝下部;鳞脐微凹,顶生,有短刺。

资源状况:校园偶见栽培。原产于日本及朝鲜南部海岸地区。

日本五针松 *Pinus parviflora* Sieb. et Zucc.

科属:松科　松属

别名:日本五须松、五钗松

形态特征:乔木。幼树树皮淡灰色,平滑,一年生枝幼嫩时绿色,后呈黄褐色,密生淡黄色柔毛;冬芽卵圆形。针叶5针一束,微弯曲,长3.5~5.5厘米,直径不到1毫米;叶鞘早落。球果卵圆形或卵状椭圆形,几无梗,熟时种鳞张开,中部种鳞宽倒卵状斜方形或长方状倒卵形,鳞脐凹下。种子为不规则倒卵圆形,近褐色,有翅。花期5月,球果翌年6月成熟。

利用价值:园林绿化。

识别特征:一年生枝幼嫩时绿色,后呈黄褐色,密生淡黄色柔毛;叶5针一束,较短,长3.5~5.5厘米;种鳞的鳞脐生于鳞盾顶端,无刺。

其他:"parviflora"意为"小花的",指球果较小。

资源状况:校园偶见栽培。原产于日本。我国长江流域普遍引种栽培。

雪松 *Cedrus deodara* (Roxb.) G. Don

科属:松科　雪松属

别名:香柏

形态特征:常绿乔木。枝平展。叶在长枝上辐射伸展,短枝之叶成簇生状针形,坚硬,浅绿色或深绿色。雄球花长卵圆形或椭圆状卵圆形,长2~3厘米。球果熟时红褐色,卵圆形或宽椭圆形有短梗;中部种鳞扇状倒三角形,上部宽圆,中部楔状,下部耳形,基部爪状,鳞背密生短绒毛;苞鳞短小;种翅宽大。花期2~3月,球果翌年10月成熟。

利用价值:做木材。园林绿化观赏。

识别特征:终年常绿,树冠塔形,侧枝几乎与主干垂直;针叶,浅绿色或深绿色;雄球花均直立,种鳞脱落。

其他:“deodara”意为神树。

资源状况:校园常见行道树。原产于西亚。我国普遍引种栽培。

杉木 *Cunninghamia lanceolata* (Lamb.) Hook.

科属:杉科　杉木属

别名:刺杉、杉

形态特征:常绿乔木。叶在主枝上辐射伸展,侧枝的叶基部扭转成2列,披针形或条状披针形,通常微弯,呈镰状,革质、坚硬,上面深绿色,有光泽。雄球花圆锥状,通常40余枚簇生枝顶;雌球花单生或2~3枚集生,绿色。球果卵圆形,熟时苞鳞革质,棕黄色,三角状卵形,先端有坚硬的刺状尖头,边缘有不规则的锯齿。花期4月,球果10月下旬成熟。

利用价值:可做木材。

识别特征:侧枝的叶排成2列,披针形或条状披针形,通常微弯、呈镰状,革质、坚硬;雌雄球花均生于枝顶。易识别。

其他:“lanceolata”意为“披针形的”,指叶披针形或条状披针形这一特征。

资源状况:东区校史馆附近偶有栽培。分布于我国秦岭至淮河流域以南地区。

水杉 *Metasequoia glyptostroboides* Hu et Cheng

科属：杉科　水杉属

形态特征：落叶乔木。树干基部常膨大，树皮灰色、灰褐色，树冠尖塔形。叶条形，幼时绿色，排列成2列，叶和种鳞均对生；侧生小枝连叶于冬季脱落。球果的种鳞盾形，木质，中央有一条横槽；种子扁平，周围有翅。花期2月下旬，球果11月成熟。

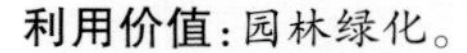

利用价值：园林绿化。

识别特征：树冠呈尖塔形；叶条形，扁平，在小枝上对生，种鳞交互对生；不脱落。池杉容易与其混淆，主要区别为：池杉多生于水中，叶钻形，在小枝上螺旋状伸展，种鳞非交互对生，脱落。

其他：秋季叶片变为黄色，有观赏价值。我国古老稀有的珍贵特有树种。

资源状况：校园常见。湖北利川、湖南龙山等地有野生。

池杉 *Taxodium ascendens* Brongn.

科属：杉科 落羽杉属

形态特征：落叶乔木。树干基部膨大，树皮褐色，纵裂，枝条向上伸展，树冠呈圆锥形。叶钻形，在枝上螺旋状伸展。球果圆球形，熟时褐黄色。花期3~4月，球果10月成熟。

利用价值：作木材。园林造景。

识别特征：树冠呈圆锥形，多生于水中；叶钻形，在小枝上螺旋状伸展；种鳞非交互对生，脱落。

其他：耐水湿，生于沼泽地。秋冬季节叶变为橙黄色，极具观赏价值。

资源状况：多见于西区也西湖中，东区偶见栽培。原产于北美洲东南部。

龙柏 *Sabina chinensis* (L.) Ant. cv. "Kaizuca"

科属:柏科　圆柏属

别名:桧柏、圆柏

形态特征:常绿乔木。幼树的枝条通常斜上伸展,形成尖塔形树冠。叶二型,即刺叶及鳞叶;刺叶生于幼树之上,老龄树则全为鳞叶,壮龄树兼有刺叶与鳞叶;鳞叶3叶轮生,近披针形;刺叶3叶交互轮生,斜展,疏松,披针形。雌雄异株,稀同株,雄球花黄色,椭圆形。球果近圆球形,直径6~8毫米,两年成熟,熟时暗褐色,被白粉或白粉脱落。花期3月,球果翌年秋季成熟。

利用价值:可做木材。枝叶入药,树根、树干及枝叶可提取柏木油等。

识别特征:常绿乔木;幼树的枝条通常斜上伸展,形成尖塔形树冠,常被修剪成不同姿态;叶二型;果近球形,不开裂,被白粉。

资源状况:多见于西区和东区。原产于北美洲东南部。

铺地柏 *Sabina procumbens*（Sieb.）Iwzta et Kusaka

科属:柏科　圆柏属

形态特征:常绿匍匐灌木。枝条沿地面扩展,密生小枝。刺形叶,3叶交叉轮生,条状披针形,先端渐尖成角质锐尖头。球果近球形,被白粉,成熟时黑色,直径8~9毫米;有2~3粒种子,长约4毫米,有棱脊。

利用价值:栽培作观赏树。

识别特征:匍匐灌木,枝条沿地面扩展;有时鳞叶针叶共存;球果近球形,被白粉,不开裂。

其他:"procumbens"意为平卧的,形容植株的整体姿态即为卧地而生。

资源状况:东区第三教学楼水池边和西区图书馆前花坛有栽培。原产于日本。

侧柏 *Platycladus orientalis* (L.) Franco

科属：柏科　侧柏属

别名：扁柏

形态特征：常绿乔木。生鳞叶的小枝细，向上直展或斜升，扁平，排成一平面。叶鳞形，小枝中央的叶的露出部分呈倒卵状菱形或斜方形。雄球花黄色，卵圆形，长约2毫米；雌球花近球形，蓝绿色，被白粉。球果近卵圆形，成熟后木质，开裂，红褐色；种子卵圆形或近椭圆形，灰褐色或紫褐色。花期3~4月，球果10月成熟。

利用价值：常栽培作庭园树。种子与生鳞叶的小枝可入药。也可做木材。

识别特征：枝直展或斜升，扁平片状；球果种鳞4对，木质，顶端是1反曲尖头；种子无翅。

其他："platycladus"意为"宽枝的"，指小枝扁平，排成一平面，故俗名"扁柏"。"orientalis"意为"东方的"。

资源状况：校园常见行道树。分布于我国大部分地区。

形态特征:常绿小乔木。叶螺旋状着生,条状披针形,微弯,上面深绿色,有光泽,下面带白色、灰绿色或淡绿色。雄球花穗状、腋生,常3~5枚簇生于极短的总梗上,基部有数枚三角状苞片;雌球花单生叶腋,有梗,基部有少数苞片。种子先端圆,熟时肉质假种皮紫黑色,有白粉。花期4~5月,种子8~9月成熟。

利用价值:栽培观赏。

罗汉松 *Podocarpus macrophyllus* (Thunb.) D. Don

科属:罗汉松科　罗汉松属

别名:罗汉杉

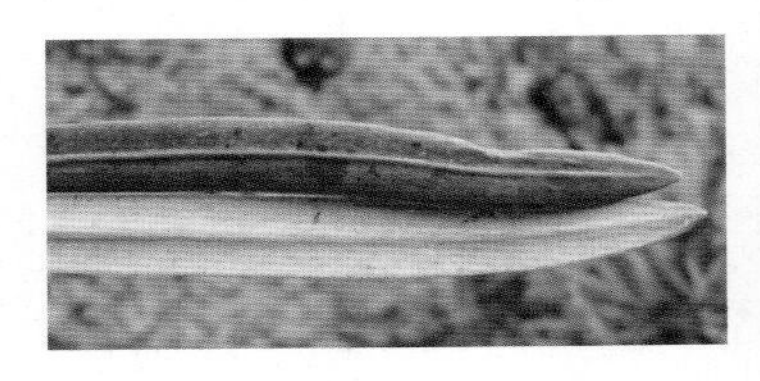

识别特征:叶螺旋状着生,条状披针形,上面深绿色;种托肉质圆柱形,红色或紫红色。易识别。

其他:“podocarpus”意为“果有柄的”,指种子有短柄,“macrophyllus”意为“大叶的”。红色肉质种托似罗汉的袈裟,种子似罗汉的光脑袋,故名“罗汉松”。

资源状况:校园零散分布,西区第三教学楼附近较多。分布于长江以南等地。

垂柳 *Salix babylonica* L.

科属：杨柳科　柳属

别名：水柳、垂丝柳

形态特征：落叶乔木，树冠开展而疏散。枝细弱，下垂，淡褐黄色，无毛。叶狭披针形或线状披针形，上面绿色，下面色较淡，具细锯齿。花序先叶开放，或与叶同时开放；雄花序有短梗，雄蕊2枚；雌花序长达2~3厘米，有梗。蒴果。花期3~4月，果期4~5月。

利用价值：可做木材。枝条可编筐，树皮可提制栲胶，叶可作饲料。园林绿化植物。

识别特征：乔木，树冠开展而疏散；枝细淡黄色下垂；叶狭披针形，互生。易识别。耐水湿，也能生于干旱处。

其他：种子上附着白色絮状物，因此种子成熟后可随风飞散如絮，即“柳絮”。

资源状况：校园内常见。分布于长江流域与黄河流域。

加杨 *Populus* × *canadensis* Moench

科属：杨柳科　杨属

别名：加拿大杨

形态特征：落叶大乔木。树皮粗厚，深沟裂，小枝圆柱形，稍有棱角。叶三角形或三角状卵形，先端渐尖，基部截形或宽楔形，无或有1~2枚腺体，有圆锯齿，近基部较疏，具短缘毛，上面暗绿色，下面淡绿色；叶柄侧扁而长。雄花序长7~15厘米，花序轴光滑，每花有雄蕊15~25(~40)枚；苞片淡绿褐色，不整齐，丝状深裂，花盘淡黄绿色，全缘；雌花序有花45~50朵，柱头4裂。果序长达27厘米；蒴果卵圆形，2~3瓣裂。花期4月，果期5~6月。

利用价值：可作木材。作行道树。

识别特征：大乔木；叶互生，三角形或三角状卵形，先端渐尖，基部截形或宽楔形，叶柄扁；单性花，雌、雄花序下垂；蒴果。

其他："canadensis"意为"加拿大的"。

资源状况：西区东北角、南区、东区东门附近有栽培。我国各地均有引种栽培。

枫杨 *Pterocarya stenoptera* C. DC.

科属:胡桃科　枫杨属

别名:苍蝇树

形态特征:落叶乔木。叶多为偶数或稀奇数羽状复叶,叶轴具翅至翅不甚发达,无小叶柄,对生或稀近对生,长椭圆形至长椭圆状披针形。花单性,雌雄同株;雄性葇荑花序腋生,雌性葇荑花序顶生。雌花几乎无梗。果序长20~45厘米;果翅狭,条形或阔条形。花期4~5月,果熟期8~9月。

利用价值:果实可作饲料和酿酒,种子还可榨油。园林绿化树种,作行道树。

识别特征:落叶乔木;叶多为偶数羽状复叶,叶轴、果实具翅;葇荑花序。易识别。

其他:"ptero"意为"翅,翼","pterocarya"指果实有翼;"stenoptera"意为"狭翅的",指叶轴有狭翅。因果实有两翼,形似苍蝇,故俗称苍蝇树。

资源状况:西区篮球场附近较多。分布于华中、华东和西南各地。

榔榆 *Ulmus parvifolia* Jacq.

科属:榆科　榆属

别名:秋榆、掉皮榆、豺皮榆

形态特征:落叶乔木。树皮灰色或灰褐色,裂成不规则鳞状薄片剥落,露出红褐色内皮。叶质地厚,披针状卵形或窄椭圆形,基部偏斜。花秋季开放,3~6朵在叶腋簇生或排成簇状聚伞花序。果翅稍厚,果核部分位于翅果的中上部,上端接近缺口,花被片脱落或残存,果梗较管状花被为短。花果期8~10月。

利用价值:观赏。可作木材,可作造林树种。

识别特征:落叶乔木;树皮不规则鳞状薄片剥落;花期秋季,翅果。

其他:"parvifolia"意为小叶的,由于树皮剥落特征明显,似豺皮,故俗称"豺皮榆"。

资源状况:东区第一教学楼、操场附近等地有栽培。分布于我国大部分地区。

朴树 *Celtis sinensis* Pers.

科属:榆科　朴属

别名:黄果朴、小叶朴

形态特征:落叶乔木。树皮平滑,灰色;一年生枝被密毛。叶互生,叶柄长;叶片革质,宽卵形至狭卵形,先端急尖至渐尖,基部圆形或阔楔形,偏斜,中部以上边缘有浅锯齿,三出脉,上面无毛,下面沿脉及脉腋疏被毛。花杂性(两性花和单性花同株),生于当年枝的叶腋。果柄较叶柄近等长;核果单生或2枚并生,近球形,熟时红褐色;果核有穴和突肋。花期5月,果期10月。

利用价值:栽培观赏。

识别特征:落叶乔木;单叶互生,中部以上边缘有浅锯齿,三出脉;花杂性,腋生;果实单生于叶腋。

其他:“朴”发音同“迫”。

资源状况:西区第三教学楼附近、东区图书馆南侧有栽培。产于山东、河南以及长江以南等地。

桑 *Morus alba* L.

科属:桑科　桑属

别名:家桑

形态特征:乔木或为灌木。叶卵形或广卵形,长5~15厘米,宽5~12厘米,先端急尖、渐尖或圆钝,基部圆形至浅心形,边缘锯齿粗钝,有时叶为各种分裂,表面鲜绿色,无毛;托叶早落。花单性;雄花序下垂;雌花序长1~2厘米。聚花果卵状椭圆形,长1~2.5厘米,成熟时红色或暗紫色。花期4~5月,果期5~8月。

利用价值:根皮、果实及枝条入药。叶为养蚕的主要饲料。桑葚可生食、酿酒。

识别特征:叶卵形互生,叶缘锯齿粗钝,有时叶为各种分裂,表面鲜绿色,无毛;聚花果卵状椭圆形,成熟时红色或暗紫色。

资源状况:东区老图书馆附近和西区第三教学楼南部有栽培。原产于我国中部、北部地区。

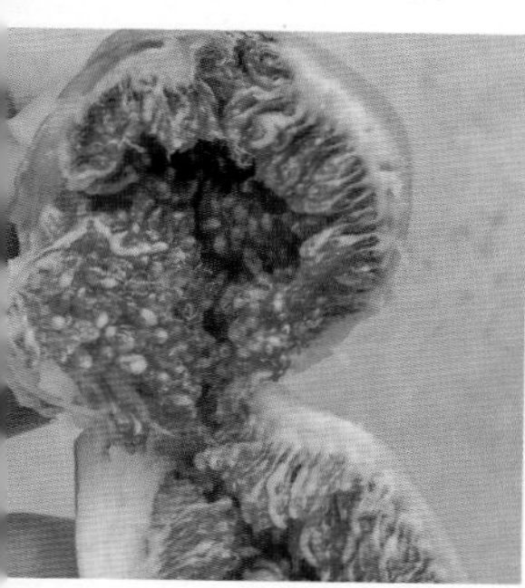

无花果 *Ficus carica* L.

科属：桑科　榕属

形态特征：落叶灌木。叶互生，厚纸质，通常3~5裂，小裂片卵形，叶缘具不规则钝齿，表面粗糙，基部浅心形。雌雄同株；榕果单生叶腋，大而梨形，直径3~5厘米，顶部下陷，成熟时紫红色或黄色。花期5~7月，果期8~10月。

利用价值：榕果味甜可食或作蜜饯，又可作药用。供庭园观赏。

识别特征：叶互生，有乳汁；厚纸质，通常3~5裂，小裂片卵形，叶缘具不规则钝齿，表面粗糙；隐头花序。易识别。

资源状况：东区东门附近有栽培。原产于地中海沿岸。

构树 *Broussonetia papyrifera* (L.) L'Hert. ex Vent.

科属:桑科　构属

形态特征:乔木。叶互生,广卵形至长椭圆状卵形,基部心形,叶缘具粗锯齿,表面粗糙,疏生糙毛,背面密被绒毛;托叶大。花雌雄异株;雄花序为柔荑花序,雄蕊4枚;雌花序球形头状。聚花果成熟时橙红色,肉质。花期4~5月,果期6~7月。

利用价值:韧皮纤维可作造纸原料,楮实子(果实)及根、皮可供药用。

识别特征:具乳汁乔木;叶片形状变化大,表面粗糙,背面密被绒毛,有托叶;聚花果成熟时橙红色,肉质。易识别。

其他:"papyrifera"意为"可造纸的"。

资源状况:东区第二教学楼附近等地有少量野生。分布于我国南北各地。

形态特征:常绿灌木。羽状复叶倒卵形至倒卵状披针形,具2~5对小叶;小叶无柄或近无柄,狭披针形至狭椭圆形,长4.5~14厘米,宽0.9~2.5厘米,基部楔形,叶缘每边具5~10枚刺齿,先端渐尖。总状花序4~10枚簇生;花黄色;萼片3轮,9枚;花瓣2轮,6枚,雄蕊6枚。浆果球形,紫黑色,被白粉。花期7~9月,果期9~11月。

十大功劳 *Mahonia fortunei* (Lindl.) Fedde

科属:小檗科　十大功劳属

别名:刺黄柏、黄天竹

利用价值:全株可供药用。园林绿化植物。

识别特征:灌木;羽状复叶有2~5对小叶,小叶较硬,每边有5~10枚刺齿;总状花序,花黄色;浆果成熟时紫黑色,被白粉。

资源状况:东区常见栽培。华东、华南等地有野生。

阔叶十大功劳 *Mahonia bealei* (Fort.) Carr.

科属:小檗科　十大功劳属

形态特征:常绿灌木。羽状复叶狭倒卵形至长圆形,具4~10对小叶;小叶卵形,厚革质,硬直叶缘上部具3~5枚尖齿。总状花序直立,通常3~9枚簇生;花黄色;花瓣倒卵状椭圆形,先端微缺。浆果卵形,深蓝色,被白粉。花期9月至翌年1月,果期3~5月。

利用价值:园林绿化,供观赏。

识别特征:小叶厚革质,叶缘粗锯齿,先端具硬尖;总状花序簇生,花黄色;浆果深蓝色,被白粉。十大功劳小叶披针形,易区分。

资源状况:东区眼镜湖、东区家属区有栽培。分布于秦岭至长江流域等地。

南天竹 *Nandina domestica* Thunb.

科属:小檗科　南天竹属

别名:观音竹、南天烛

形态特征:常绿小灌木。茎光滑,幼枝常为红色。叶互生,集生于茎的上部,三回羽状复叶;二至三回羽片对生;小叶薄革质,椭圆形或椭圆状披针形,上面深绿色,冬季变红色,近无柄。圆锥花序直立;花小,白色,具芳香;萼片多轮;花瓣6枚,长圆形;雄蕊6枚。浆果球形,熟时鲜红色,稀橙红色。花期5~7月,果期8~12月。

利用价值:根、叶具有强筋活络等效果,果为镇咳药,但有毒。园林绿化植物。

识别特征:三回羽状复叶互生于茎上部,二至三回羽片对生;圆锥花序,花白色;成熟果实红色。

资源状况:校园常见栽培植物。分布于中国和日本。

科属：小檗科　小檗属

形态特征：落叶灌木。茎刺单一。叶薄纸质，倒卵形、匙形或菱状卵形，全缘。花2~5朵组成具总梗的伞形花序，或近簇生的伞形花序，或无总梗而呈簇生状。小苞片卵状披针形，带红色；花黄色，花瓣长圆状倒卵形。浆果亮鲜红色。花期4~6月，果期7~10月。

利用价值：根和茎含可供提取小檗碱。茎皮可提取染料。观叶植物。

识别特征：落叶灌木；茎有刺，叶紫红色，倒卵形、匙形；花2~5朵簇生状，黄色；果鲜红色。

其他：校内栽培的为日本小檗的栽培变种"紫叶小檗"。

资源状况：西区研究生公寓附近有栽培。分布于我国东北、华北及秦岭。日本也有分布。

紫玉兰 *Magnolia liliflora* Desr.

科属:木兰科　木兰属

别名:辛夷

形态特征:落叶灌木。叶椭圆状倒卵形或倒卵形,先端急尖或渐尖,上面深绿色。花先叶开放,稍有香气;花被片9~12枚,外轮3枚萼片状,紫绿色,常早落,内两轮肉质,外面紫色或紫红色,内面带白色,花瓣状,椭圆状倒卵形。聚合果深紫褐色,成熟蓇葖顶端具短喙。花期3~4月,果期8~9月。

利用价值:栽培观赏。树皮、叶、花蕾均可入药。

识别特征:落叶灌木;花先叶开放,花被片大小不相等,外轮3枚紫绿色,早落;内轮6枚,外紫内白。

其他:"liliflora"意为"百合花的",指花像百合。

资源状况:校园常见。分布于福建、湖北和四川等地。

玉兰 *Magnolia denudata* Desr.

科属:木兰科　木兰属

别名:木兰、白玉兰

形态特征:落叶乔木。叶纸质,倒卵形、宽倒卵形或倒卵状椭圆形,先端具短突尖,中部以下渐狭成楔形,叶上面深绿色,下面浅绿色。花先叶开放,直立,芳香;花被片9枚,白色,基部常带粉红色,近相似,长圆状倒卵形;雌蕊狭卵形。聚合果圆柱形,蓇葖厚木质。花期2~3月(亦常于7~9月再开一次花),果期8~9月。

利用价值:种子榨油供工业用。可作木材。园林观赏植物。

识别特征:落叶乔木;花先叶开放;花被片9枚,白色,基部常带粉红色。天目木兰小枝细,无毛,叶先端长渐尖或尾尖;玉兰小枝粗,被柔毛,叶先端宽圆,常具短急尖。

资源状况:校园常见早春开花植物。全国各大城市广泛栽培。

荷花玉兰 *Magnolia grandiflora* L.

科属:木兰科　木兰属

别名:洋玉兰、广玉兰

形态特征:常绿乔木。小枝、芽、叶下面及叶柄均密被褐色或灰褐色短绒毛。叶厚革质,椭圆形,长圆状椭圆形或倒卵状椭圆形,叶面深绿色,有光泽。花白色,直径15~20厘米;花被片9~12枚。花丝扁平,紫色。聚合果圆柱状长圆形;蓇葖背裂,顶端外侧具长喙;种子外种皮红色。花期5~6月,果期9~10月。

利用价值:庭园绿化观赏树种,叶、幼枝和花可提取芳香油,叶可入药。

识别特征:常绿乔木;叶下面、叶柄均密被褐色或灰褐色短绒毛,叶厚革质,叶面深绿色,有光泽;花白色,芳香。易识别。

其他:“grandiflora”意为“花大的”,指本种的花较大。

资源状况:校园常见行道树。原产于北美洲东南部。长江流域以南各城市有栽培。

天目木兰 *Magnolia amoena* Cheng

科属:木兰科　木兰属

形态特征:落叶乔木。叶纸质,宽倒披针形,倒披针状椭圆形,先端渐尖或骤狭尾状尖,基部阔楔形或圆,上面无毛。花先叶开放,红色或淡红色,芳香;花被片9枚,倒披针形或匙形。雌蕊群圆柱形。聚合果圆柱形,弯曲。花期4~5月,果期9~10月。

利用价值:栽培观赏。

识别特征:落叶乔木;叶先端渐尖或骤狭尾状尖;花先叶开放,芳香,花被片9,大小几乎相等。

资源状况:西区研究生食堂附近有栽培。分布于浙江天目山等地。

鹅掌楸 *Liriodendron chinense* (Hemsl.) Sarg.

科属:木兰科　鹅掌楸属

别名:马褂木

形态特征:乔木。高达40米,胸径1米以上,小枝灰色或灰褐色。叶马褂状,近基部每边具1枚裂片,先端具2浅裂,下面苍白色。花杯状,花被片9枚,外轮3枚绿色,内两轮6片,直立,花瓣状、倒卵形,绿色,具黄色纵条纹,心皮黄绿色。聚合果,小坚果具翅。花期5月,果期9~10月。

利用价值:作观叶植物、行道树,也可作木材,叶和树皮入药。

识别特征:落叶乔木;叶互生,呈马褂状,近基部每边具1枚裂片,先端具2浅裂;花被片9枚;小坚果具翅。易识别。

其他:"liriodendron"指"花像百合的树","chinense"意为"中国的"。由于叶呈马褂状,形状奇特,故俗名马褂木。世界最珍贵的濒危树种之一。

资源状况:东区石榴园、东区学生宿舍区、南区有栽培。分布于秦岭以南地区。

杂交鹅掌楸 *Liriodendron chinense × tulipifera*

科属:木兰科　鹅掌楸属

别名:杂交马褂木

形态特征:叶近基部每边具2枚裂片,叶下面无白粉点;花被片长4~6厘米,两面近基部具不规则的橙黄色带。其余同鹅掌楸。

利用价值:观赏植物。

识别特征:落叶乔木;叶互生,叶片呈马褂形;花被片9枚;小坚果具翅。易识别。和鹅掌楸的区别是鹅掌楸近基部每边具1枚裂片。

资源状况:南区有大量栽培。为鹅掌楸与北美鹅掌楸的杂交种。

含笑 *Michelia figo* (Lour.) Spreng

科属:木兰科　含笑属

别名:含笑花

形态特征:常绿灌木。芽、嫩枝、叶柄、花梗均密被黄褐色绒毛。叶革质,狭椭圆形或倒卵状椭圆形,上面有光泽,无毛。花直立,具甜浓的芳香,花被片6枚,肉质,较肥厚,长椭圆形。聚合果,蓇葖圆形或球形,顶端有短尖的喙。花期3~5月,果期7~8月。

利用价值:栽培观赏。花瓣可拌入茶叶制成花茶、提取芳香油等。

识别特征:常绿灌木;叶革质,上面有光泽,无毛;单花生于叶腋,较小。而木兰属的花生于小枝顶,易区分。

其他:本种花开放时,含蕾不尽开,故称"含笑花"。

资源状况:西区常见栽培。原产于华南南部各地。

蜡梅 *Chimonanthus praecox* (L.) Link.

科属:蜡梅科　蜡梅属

别名:黄蜡梅、雪里花

形态特征:落叶灌木。叶对生,近革质,椭圆状卵形至卵状披针形,长7~15厘米,先端渐尖,基部圆形或宽楔形。花芳香,外部花被片卵状椭圆形,黄色,内部的较短,有紫色条纹;雄蕊5~6枚。果托随果实的发育而增大,成熟时椭圆形,呈蒴果状,半木质化,口部收缩。花期12月至翌年2月。

利用价值:根、叶可药用。花芳香美丽,作园林绿化观赏。

识别特征:落叶灌木;叶搓烂有臭味;冬季开黄色花;果托坛状,近木质化。

其他:"praecox"意为早生的,指开花非常早,花先于叶开放。蜡梅并非通常泛指的梅花(蔷薇科)。"腊梅"指冬天开花;"蜡梅"指花被蜡质。现两者通用。

资源状况:校园常见栽培植物。我国特产。

樟 *Cinnamomum camphora* (L.) Presl.

科属：樟科　樟属

别名：香樟、油樟、樟木

形态特征：常绿大乔木。树冠广卵形；树皮黄褐色，有不规则的纵裂。叶互生，卵状椭圆形，具离基三出脉。侧脉及支脉脉腋上面明显隆起，下面有明显腺窝。圆锥花序腋生，具梗，花绿白或带黄色；雄蕊4轮，能育雄蕊9枚，排列成3轮；退化雄蕊3枚，位于最内轮。果卵球形或近球形，紫黑色；果托杯状。花期4~5月，果期8~11月。

利用价值：可作木材。根、枝、叶可提取樟脑和樟油、入药。园林绿化植物。

识别特征：常绿乔木；枝、叶（搓烂后）均有特殊香味；叶互生，全缘，卵状椭圆形，具离基三出脉，侧脉及支脉脉腋下面有明显腺窝；果紫黑色。易识别。

其他："camphora"意为"樟脑"。

资源状况：校园常见行道树。分布于华南及西南各地。

海桐 *Pittosporum tobira* (Thunb.) Ait.

科属:海桐花科　海桐花属

形态特征:常绿灌木或小乔木。叶聚生于枝顶,革质,倒卵形或倒卵状披针形,上面深绿色,发亮。伞形花序或伞房状伞形花序顶生或近顶生。花白色,有芳香,花瓣倒披针形。蒴果圆球形,有棱或呈三角形,3瓣裂,果瓣木质,种子多数,鲜红色。花期4~5月,果期9~10月。

利用价值:栽培观叶、观花植物。

识别特征:常绿灌木;叶聚生于枝顶,革质,倒卵形或倒卵状披针形,上面深绿色,发亮;花白色;种子鲜红色。

资源状况:校园常见,常修剪成球形。国内多栽培观赏。

枫香 *Liquidambar formosana* Hance

科属:金缕梅科　枫香属

形态特征:落叶乔木。叶薄革质,阔卵形,掌状3裂,中央裂片较长,先端尾状渐尖,基部心形,托叶线形,早落。雄性短穗状花序常多个排成总状。雌性头状花序有花24~43朵,萼齿4~7枚,针形,花柱先端常卷曲。头状果序圆球形,木质,有宿存花柱及针刺状萼齿。花期4~5月,果期9~10月。

利用价值:树脂、根、叶及果实可入药。可作木材。观叶植物。

识别特征:落叶乔木;叶阔卵形,掌状3裂,中央裂片较长,基部心形;头状果序圆球形,木质,有宿存花柱及针刺状萼齿。易识别。

其他:"liquidambar"指植物分泌琥珀色树脂,"formosana"意为"台湾的"。秋季叶片变黄,极具观赏价值。

资源状况:东区眼镜湖附近有栽培。分布于我国秦岭及淮河以南各地。

蚊母树 *Distylium racemosum* Sieb. et Zucc.

科属:金缕梅科　蚊母树属

形态特征:常绿灌木或中乔木。叶革质,椭圆形或倒卵状椭圆形,上面深绿色,发亮。托叶细小,早落。总状花序无毛。花雌雄同在一个花序上,雌花位于花序的顶端;雄蕊5~6枚,花药红色。蒴果卵圆形,上半部两瓣裂,每瓣2浅裂。花期3~4月,果期8~10月。

利用价值:栽培观赏。

识别特征:常绿灌木;叶革质,互生,椭圆形,上面深绿色,发亮,托叶早落。

其他:“distylium”指雌花具花柱2枚;“racemosum”意为“总状花序式的”,指花序类型。

资源状况:西区东门和也西湖有栽培。分布于华东和华南各地。

红花檵木 *Loropetalum chinense* (R. Br.) Oliv. var. *rubrum* Yieh

科属:金缕梅科　檵木属

形态特征:灌木,有时为小乔木。多分枝,小枝有星毛。叶革质,卵形,无光泽,下面被星毛,稍带灰白色,全缘;叶柄长2~5毫米,有星毛;托叶膜质早落。花3~8朵簇生,有短花梗,红色,比新叶先开放,或与嫩叶同时开放。萼筒杯状,被星毛,花后脱落;花瓣4枚,带状,长1~2厘米;雄蕊4枚;退化雄蕊4枚,与雄蕊互生;子房完全下位,被星毛。蒴果卵圆形,被褐色星状绒毛。花期3~4月。

利用价值:叶用于止血,根及叶用于跌打损伤。园林观赏。

识别特征:叶粗糙,色多变,多见紫红色;花瓣4枚,长带状。极易识别。

其他:檵读音同"继",红花檵木为檵木的红花变种,"rubrum"意为红色的。

资源状况:校园常见栽培。分布于湖南长沙岳麓山。现各地栽培。

杜仲 *Eucommia ulmoides* Oliv.

科属：杜仲科　杜仲属

别名：扯丝皮、棉树

形态特征：落叶乔木。叶互生，单叶，具羽状脉，边缘有锯齿，具柄，无托叶。雌雄异株，无花被，先叶开放，或与新叶同时从鳞芽长出；雄花簇生，有短柄，具小苞片；雄蕊5~10枚；雌花单生于小枝下部，有苞片，具短花梗。果不开裂，扁平，长椭圆形的翅果先端2裂，果皮薄革质，果梗极短；种子1粒。早春开花，秋后果实成熟。

利用价值：可作木材。树皮药用，树皮分泌的硬橡胶可作工业原料。园林绿化植物。

识别特征：单叶互生，边缘有锯齿，叶片撕开后有胶状物相连；雌雄异株，雄花簇生。

其他："ulmoides"意为"像榆树的"，指叶子像榆树的叶子。杜仲科仅1属1种，中国特有。

资源状况：东区篮球场旁、西区二里河南部草坪有栽培。分布于华中、华西、西南及西北各地，现广泛栽培。

一球悬铃木 *Platanus occidentalis* L.

科属:悬铃木科　悬铃木属

别名:美国梧桐

形态特征:落叶大乔木,树皮有浅沟,呈小块状剥落。叶大,阔卵形,通常3浅裂,稀为5浅裂,裂片边缘有数个粗大锯齿,掌状脉3条;托叶较大,基部鞘状,早落。花通常4或6基数,单性,聚成圆球形头状花序。雄花的萼片及花瓣均短小,雌花基部有长绒毛。头状果序圆球形,单生,稀为2枚。花期4~5月,果期9~12月。

利用价值:栽培观赏,作行道树。

识别特征:落叶乔木,树皮有浅沟,呈小块状剥落;叶3浅裂,裂片边缘有粗大锯齿;头状果序圆球形,单生。

其他:"occidentalis"意为"西方的"。虽然俗名为"梧桐",并不是梧桐科的"梧桐"的近亲。头状果序似悬挂的铃铛,故名悬铃木。

资源状况:西区操场东侧、东区第一教学楼北面有少量栽培。原产于北美洲,现广泛被引种。

二球悬铃木 *Platanus acerifolia* (Ait.) Willd.

科属:悬铃木科　悬铃木属

别名:梧桐、法国梧桐

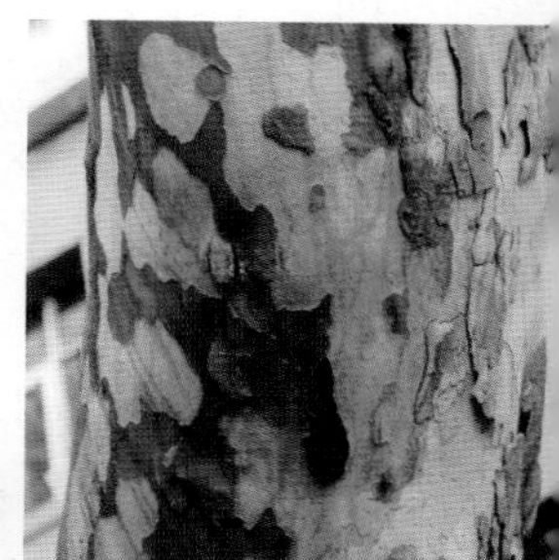

形态特征:落叶大乔木,树皮光滑,大片块状脱落。叶阔卵形,上部掌状5裂,有时7裂或3裂;中央裂片阔三角形;裂片全缘或有1~2枚粗大锯齿;托叶基部鞘状。花通常4基数。雄花的萼片卵形,被毛。果枝有头状果序1~2枚,稀为3枚,常下垂。花期4~5月,果期9~11月。

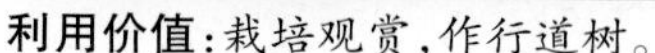

利用价值:栽培观赏,作行道树。

识别特征:落叶乔木,树皮光滑,大片块状脱落;叶掌状5裂,裂片边缘有粗大锯齿;头状果序圆球形,常为2枚。易识别。

其他:"acerifolia"意为"槭叶的",指叶片形态像槭属的植物。本种是三球悬铃木*P. orientalis*与一球悬铃木*P. occidentalis*的杂交种。虽然俗名为"梧桐",并不是梧桐科的"梧桐"的近亲。头状果序似悬挂的铃铛,故名悬铃木。

资源状况:东区常见。各地广泛栽培。

形态特征:直立灌木。小叶3~5枚,稀7枚,基部近圆形或宽楔形,边缘有锐锯齿,上面暗绿色,常带光泽,托叶大部贴生于叶柄,仅顶端分离部分成耳状,边缘常有腺毛。花几朵集生,直径4~5厘米;萼片先端尾状渐尖,有时呈叶状,边缘常有羽状裂片,稀全缘,外面无毛,内面密被长柔毛;花瓣重瓣至半重瓣,红色、粉红色至白色,倒卵形,先端有凹缺,基部楔形。果红色,萼片脱落。花期4~9月,果期6~11月。

月季 *Rosa chinensis* Jacq.

科属:蔷薇科　蔷薇属

别名:月月红

利用价值:栽培观赏。花、根、叶均入药。

识别特征:灌木,有皮刺;奇数羽状复叶互生,有托叶;花几朵集生,较大,直径4~5厘米;单瓣或重瓣。与野蔷薇的区别:野蔷薇托叶梳状齿裂,花较小,花序花较多;月季托叶无梳状齿裂,花序花较少,花大。

其他:“chinensis”意为“中国的”。月季原产中国,有极多的栽培品种。

资源状况:校园常见栽培于路边、花台。全国各地均有栽培。

野蔷薇 *Rosa multiflora* Thunb.

科属:蔷薇科　蔷薇属

别名:多花蔷薇

形态特征:攀援灌木。小枝有皮刺。小叶5~9枚,近花序的小叶有时3枚,边缘有尖锐单锯齿,稀混有重锯齿;托叶篦齿状,大部贴生于叶柄。花多朵,排成圆锥状花序,有时基部有篦齿状小苞片;花瓣白色,宽倒卵形,先端微凹,基部楔形;花柱结合成束,无毛,比雄蕊稍长。果近球形,红褐色或紫褐色,有光泽,无毛,萼片脱落。花期4~7月,果期8~10月。

利用价值:栽培观赏。

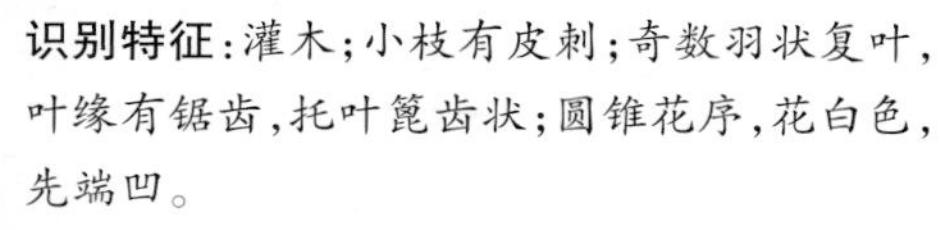

识别特征:灌木;小枝有皮刺;奇数羽状复叶,叶缘有锯齿,托叶篦齿状;圆锥花序,花白色,先端凹。

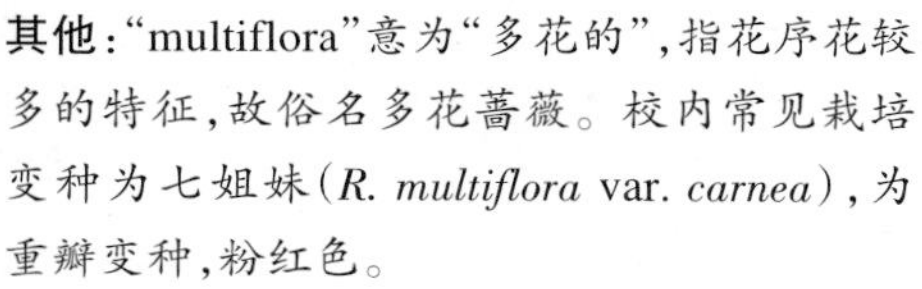

其他:"multiflora"意为"多花的",指花序花较多的特征,故俗名多花蔷薇。校内常见栽培变种为七姐妹(*R. multiflora* var. *carnea*),为重瓣变种,粉红色。

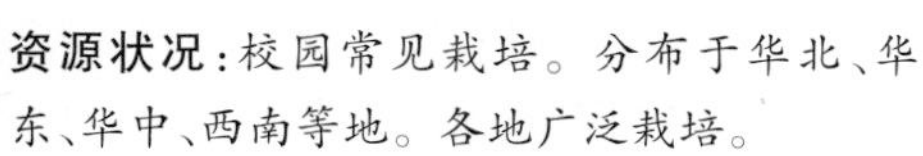

资源状况:校园常见栽培。分布于华北、华东、华中、西南等地。各地广泛栽培。

桃 *Amygdalus persica* L.

科属:蔷薇科　桃属

形态特征:乔木。树皮暗红褐色。小枝向阳处转变成红色。叶片长圆披针形、椭圆披针形或倒卵状披针形,叶缘具细锯齿或粗锯齿,齿端具腺体或无腺体。花单生,先于叶开放,花梗极短或几无梗;萼筒钟形,被短柔毛,绿色而具红色斑点;萼片顶端圆钝,外被短柔毛;花瓣长圆状椭圆形至宽倒卵形,粉红色,罕为白色;雄蕊20~30枚,子房被短柔毛。果实形状和大小均有变异。花期3~4月,果实成熟期因品种而异,通常为8~9月。

利用价值:桃树干上分泌的胶质(桃胶)可食用,也供药用。栽培观赏。

识别特征:单叶互生,幼叶对折;花单生,先于叶开放,几乎无花梗,花粉红色,萼筒被短柔毛,子房被短柔毛。

其他:桃的观赏树种很多。校内栽培植株少见结果。

资源状况:东区家属区、东区第二教学楼、西区北门有零散栽培。原产于我国,各地广泛栽培。

李 *Prunus salicina* Lindl.

科属:蔷薇科　李属

别名:山李子、李子

形态特征:落叶乔木。叶片长圆倒卵形、长椭圆形,先端渐尖或短尾尖,基部楔形,叶缘有圆钝重锯齿,常混有单锯齿,两面均无毛,托叶膜质,线形,边缘有腺,早落。花通常3朵并生;花梗1~2厘米,通常无毛;花直径1.5~2.2厘米;萼筒钟状;花瓣白色,长圆倒卵形,先端啮蚀状,具短爪,雌蕊1枚,柱头盘状,花柱比雄蕊稍长。核果球形,有时为绿色或紫色,梗凹陷入,外被蜡粉。花期4月,果期7~8月。

利用价值:可供观赏。果实可食用,是很重要的果树。

识别特征:单叶互生;幼叶席卷,叶无毛,叶缘有锯齿,花白色簇生,有花梗;雌蕊1枚,子房上位;核果外被蜡粉。

其他:校内栽培植株少见结果。

资源状况:校园常见,西区芳花园栽培较多。我国各地及世界各地均有栽培。

紫叶李 *Prunus cerasifera* Ehrh. f. *atropurpurea* (Jacq.) Rehd.

科属:蔷薇科 李属

别名:红叶李

形态特征:灌木或小乔木。叶片椭圆形、卵形,边缘有圆钝锯齿;托叶膜质。花单生,萼筒钟状;花瓣白色,长圆形,边缘波状,基部楔形,着生在萼筒边缘;雌蕊1枚,心皮被长柔毛。核果近球形或椭圆形,直径2~3厘米,微被蜡粉。花期4月,果期6月。

利用价值:可供观赏。果实可生食。

识别特征:落叶性灌木或小乔木;叶互生,紫红色,花白色。易识别。

其他:常年叶片紫色,引人注目。校内栽培的极少见结果。

资源状况:校园常见。各地均有栽培。

杏 *Armeniaca vulgaris* Lam.

科属:蔷薇科　杏属

别名:杏花

形态特征:乔木。一年生枝浅红褐色,有光泽。叶片宽卵形或圆卵形,先端急尖至短渐尖,基部圆形至近心形,叶缘有圆钝锯齿,叶柄基部具1~6枚腺体。花单生,先于叶开放;花梗短,长1~3毫米;萼片卵形至卵状长圆形,花后反折;花瓣白色或带红色,具短爪;雄蕊20~45枚;子房、花柱下部具柔毛。果实球形,微被短柔毛;果肉多汁,成熟时不开裂;种仁味苦或甜。花期3~4月,果期6~7月。

利用价值:栽培观赏。种仁(杏仁)入药。

识别特征:小乔木;一年生枝浅红褐色;花单生,先于叶开放,几乎无梗,花瓣白色或带红色,子房、果实被柔毛。

其他:与梅的区别:梅小枝绿色,叶基部楔形或宽楔形,花多为重瓣。

资源状况:西区芳花园、生命科学学院旁、东区第一教学楼等地有栽培。分布于全国各地。

梅 *Armeniaca mume* (Sieb.) Sieb. et Zucc.

科属:蔷薇科　杏属

形态特征:落叶灌木。小枝绿色,光滑无毛。叶片卵形或椭圆形,先端尾尖,基部宽楔形至圆形,叶缘常具小锐锯齿,叶柄幼时具毛,老时脱落,常有腺体。花单生或有时2朵同生于1枚花芽内,香味浓,先于叶开放;花梗短,长约1~3毫米;花萼通常红褐色,但有些品种的花萼为绿色或绿紫色;萼片卵形或近圆形,先端圆钝;花瓣倒卵形,白色至粉红色;雄蕊短或稍长于花瓣;子房密被柔毛。果实近球形,被柔毛,核腹面和背棱上均有明显纵沟,表面具蜂窝状孔穴。花期冬春季,果期5~6月。

利用价值:栽培观赏。果实可食,可入药。

识别特征:灌木,小枝绿色;花单生或2朵簇生,几乎无梗;花瓣白色至粉红色,子房、果实被柔毛。

资源状况:校园常见,西区芳花园栽培较多。我国各地均有栽培。

形态特征:乔木。叶片卵状椭圆形或倒卵椭圆形,先端渐尖,基部圆形,叶缘有渐尖单锯齿及重锯齿,齿尖有小腺体,无毛;托叶线形,边有腺齿,早落。花序伞房总状或近伞形,有花2~3朵;总苞片褐红色;花梗长1.5~2.5厘米,无毛或被极稀疏柔毛;萼筒管状,萼片三角披针形;花瓣白色,稀粉红色,倒卵形,先端下凹;花柱无毛。核果球形或卵球形,紫黑色,直径8~10毫米。花期4~5月,果期6~7月。

山樱花 *Cerasus serrulata* (Lindl.) G. Don ex Lond.

科属:蔷薇科　樱属

别名:野生福岛樱、樱花

利用价值:栽培观赏。

识别特征:单叶互生,幼叶对折,叶缘有单锯齿及重锯齿;花序伞房总状或近伞形,有明显总苞,花梗较长,花瓣白色或粉红色。

其他:校内清明节前后几天盛开的日本晚樱即为山樱花的一个变种。区别在于日本晚樱花粉红色,重瓣,花期较晚。

资源状况:东区北门附近有栽培。分布于东北、华北和华东等地。

日本晚樱 *Cerasus serrulata* (Lindl.) G. Don ex Lond. var. *lannesiana* (Carr.) Rehd.

科属：蔷薇科　樱属

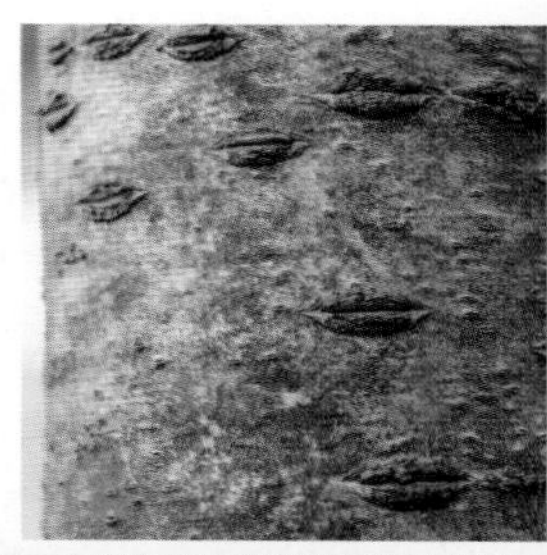

形态特征：乔木。叶片卵状椭圆形或倒卵椭圆形，先端渐尖，基部圆形，叶缘有渐尖单锯齿及重锯齿，叶柄先端有腺体；托叶线形，早落。花序伞房总状或近伞形，有花2~3朵；总梗长5~10毫米，花梗长1.5~2.5厘米，花瓣粉红色。花期3~5月。

利用价值：栽培观赏，作行道树。

识别特征：落叶乔木，皮孔明显；叶互生，渐尖，叶缘有渐尖重锯齿，齿端有长芒，叶柄有腺体；花序近伞形，有花梗，有总苞，花重瓣，粉红色。

资源状况：校园常见，东区第一教学楼到北门间路两旁、西区第三教学楼附近有大量栽培。东区到北门间路旁有一株品种名为“御衣黄”，花瓣为黄绿色。原产于日本。我国各地庭园栽培。

枇杷 *Eriobotrya japonica* (Thunb.) Lindl.

科属:蔷薇科　枇杷属

别名:卢桔

形态特征:常绿小乔木。叶片披针形、倒披针形,上部叶缘有疏锯齿,基部全缘。圆锥花序顶生;花瓣白色。果实长圆形,黄色,外有锈色柔毛。花期10~12月,果期翌年5~6月。

利用价值:果实可生食,叶可供药用,可化痰止咳。可作木材。观赏树木。

识别特征:常绿小乔木;叶片革质,披针形、倒披针形,长12~30厘米,上部叶缘有疏锯齿,上面光亮,多皱,下面密生灰棕色绒毛;圆锥花序顶生;果实橙黄色。

其他:"eriobotrya"意为"果实有毛的",指果实外面有锈色柔毛。

资源状况:校园常见观赏树木,东区郭沫若广场西侧、西区本科生宿舍附近较多。分布于华中和西南等地。

木瓜 *Chaenomeles sinensis* (Thouin) Koehne

科属:蔷薇科　木瓜属

别名:海棠、光皮木瓜

形态特征:灌木或小乔木。树皮成片状脱落;小枝无刺。叶片椭圆卵形或椭圆长圆形,叶缘有刺芒状尖锐锯齿,齿尖有腺,幼时下面密被黄白色绒毛;叶柄有腺齿;托叶膜质,边缘具腺齿。花单生于叶腋,花梗短粗;萼筒钟状,外面无毛;萼片三角披针形,边缘有腺齿,反折;花瓣倒卵形,淡粉红色;雄蕊多数,花柱3~5枚,基部合生。果实长椭圆形,暗黄色,木质。花期3~4月,果期9~10月。

利用价值:栽培供观赏。果实供食用、入药。

识别特征:树皮呈片状脱落;叶缘有刺芒状尖锐锯齿,齿尖有腺;花单生于叶腋,花梗短粗,萼片反折;花瓣淡粉红色;雄蕊多数,花柱3~5枚,基部合生。

其他:果皮干燥后仍光滑,不皱缩,故有光皮木瓜之称。平时常见的俗名为“木瓜”的水果是番木瓜科植物番木瓜的果实,而并不是本种的果实。

资源状况:东区第一教学楼南面、眼镜湖西面有集中栽培。分布于秦岭至长江流域以南等地。

贴梗海棠 *Chaenomeles speciosa* (Sweet) Nakai

科属：蔷薇科　木瓜属

别名：皱皮木瓜、贴梗木瓜

形态特征：落叶灌木。枝条有刺。叶片卵形至椭圆形，叶缘具有尖锐锯齿，齿尖开展，托叶大。花先叶开放，3~5朵簇生于二年生老枝上；花梗短粗，长约3毫米或近于无梗，花瓣倒卵形或近圆形，猩红色，稀淡红色或白色。果实球形或卵球形，黄色或带黄绿色。花期3~5月，果期9~10月。

利用价值：可作绿篱、观花植物。果实可入药。

识别特征：落叶灌木，枝条有刺；叶片互生，卵形至椭圆形；花梗短粗或近于无梗，大红色；果皮发皱。

其他："speciosa"意为"美丽的"，指花色大红而美丽。因果皮发皱，故名皱皮木瓜，和木瓜（光皮木瓜）相对。又因花梗短粗或近于无梗，花似海棠，又名贴梗海棠。

资源状况：校园常见早春观花植物。原产于我国西南部，现广泛栽培。

形态特征:乔木。枝常具刺。叶片菱状卵形至长圆卵形,先端渐尖,基部宽楔形,稀近圆形,叶缘有粗锐锯齿,幼叶上下两面均密被灰白色绒毛,老叶无毛有光泽;叶柄被灰白色绒毛;托叶早落。伞形总状花序,有花10~15朵,总花梗和花梗均被灰白色绒毛;苞片早落;花直径1.5~2厘米;萼筒外密被灰白色绒毛;萼片三角卵形,全缘,内外两面均密被绒毛,花瓣先端圆钝,基部具有短爪,白色;雄蕊20枚,花药紫色,花柱2~3枚。果实近球形。花期4月,果期8~9月。

利用价值:可作木材,提制栲胶并入药。栽培观赏。

杜梨 *Pyrus betulifolia* Bunge

科属:蔷薇科　梨属

别名:棠梨、土梨

识别特征:乔木;单叶互生,幼叶、叶柄、花序轴、花梗、萼筒、萼片均被白色绒毛;伞形总状花序,花白色,花药紫色;果实无宿存萼片。

其他:"betulifolia"意为"桦木叶的",指叶片像某种桦木科植物的叶。

资源状况:西区图书馆东南侧有栽培。分布于辽宁、河北以及华东等地。

垂丝海棠 *Malus halliana* Konhne

科属:蔷薇科　苹果属

别名:海棠

形态特征:乔木。叶片卵形或椭圆形至长椭卵形,基部楔形至近圆形,叶缘有圆钝细锯齿。伞房花序,具花4~6朵,花梗细弱,下垂,有稀疏柔毛,紫色;花直径3~3.5厘米;萼筒外面无毛;萼片全缘,外面无毛,内面密被绒毛;花瓣粉红色,常在5数以上;花柱4或5枚。果实直径6~8毫米,萼片脱落。花期3~4月,果期9~10月。

利用价值:栽培观赏。

识别特征:落叶乔木;单叶互生,叶缘有圆钝细锯齿。伞房花序无总苞,有花4~6朵,花梗长,下垂;萼片紫红色,子房下位。

其他:校内有重瓣变种。花粉红色,下垂,故名垂丝海棠。

资源状况:校园常见。分布于华东和西南等地。

粉花绣线菊 *Spiraea japonica* L. f.

科属:蔷薇科　绣线菊属

别名:日本绣线菊

形态特征:直立灌木。叶片卵形至卵状椭圆形,先端急尖至短渐尖,基部楔形,叶缘有缺刻状重锯齿或单锯齿,上面暗绿色。复伞房花序生于当年生的直立新枝顶端,花朵密集;花瓣卵形至圆形,先端通常圆钝,粉红色;雄蕊25~30枚。蓇葖果半开张。花期6~7月,果期8~9月。

利用价值:栽培观赏。

识别特征:灌木;单叶互生,叶缘有缺刻状重锯齿或单锯齿;复伞房花序有总梗,花粉红色;蓇葖果。

其他:"japonica"意为"日本的"。

资源状况:东区眼镜湖边、西区北门南侧栽培较多。原产于日本、朝鲜。我国各地有栽培。

李叶绣线菊 *Spiraea prunifolia* Sieb. et Zucc.

科属:蔷薇科　绣线菊属

别名:笑靥花

形态特征:灌木。叶片卵形至长圆披针形,先端急尖,基部楔形,叶缘有细锐单锯齿。伞形花序无总梗,具花3~6朵,基部着生数枚小型叶片;花瓣宽倒卵形,直径达1厘米,白色。蓇葖果。花期3~4月,果期4~7月。

利用价值:栽培观赏。

识别特征:落叶灌木;叶互生,叶缘有细锐单锯齿;伞形花序无总梗,花瓣白色,5枚;蓇葖果。

其他:校内偶见笑靥花为重瓣变种。

资源状况:东区眼镜湖边、西区北门南侧栽培较多。原产于日本、朝鲜。我国各地栽培观赏。

菱叶绣线菊 *Spiraea vanhouttei* (Briot) Zabel

科属：蔷薇科　绣线菊属

别名：范氏绣线菊、绣线菊

形态特征：灌木。叶片菱状卵形至菱状倒卵形，通常3~5裂，基部楔形，叶缘有缺刻状重锯齿，两面无毛，上面暗绿色，下面浅蓝灰色，具不显著3脉或羽状脉。伞形花序具总梗，有多数花朵，基部具数枚叶片；花瓣近圆形，先端钝，长与宽各约3~4毫米，白色；雄蕊20~22枚，部分雄蕊不发育，长约花瓣的1/2或1/3；花盘圆环形，具大小不等的裂片，子房无毛。蓇葖果稍开张，花柱近直立，萼片直立开张。花期5~6月。

利用价值：栽培观赏。

识别特征：灌木；叶互生，菱形，叶缘有缺刻状重锯齿；伞形花序具总梗，花白色；蓇葖果。

资源状况：西区4号楼附近、东区石榴园有栽培。分布于华东和华南等地。

插田泡 *Rubus coreanus* Miq.

科属:蔷薇科　悬钩子属

别名:插田藨、高丽悬钩子

形态特征:灌木。枝具近直立或钩状扁平皮刺。小叶通常5枚,稀3枚,卵形、菱状卵形或宽卵形,叶缘有不整齐粗锯齿或缺刻状粗锯齿,侧生小叶近无柄,与叶轴均被短柔毛和疏生钩状小皮刺;托叶线状披针形。伞房花序生于侧枝顶端,具花数朵至三十几朵,苞片线形,萼片花时开展,果时反折;花瓣倒卵形,淡红色至深红色,与萼片近等长或稍短;雄蕊比花瓣短或近等长,花丝带粉红色;雌蕊多数。果实近球形,深红色至紫黑色。花期4~6月,果期6~8月。

利用价值:果实味酸甜可生食。果实、根、叶可入药。

识别特征:灌木。奇数羽状复叶互生,有托叶,小叶5枚,叶缘有粗锯齿,茎、叶轴有皮刺;伞房花序,花瓣粉红色。

其他:与茅莓的区别是:茅莓小叶多为3枚,叶背面被白色毛。

资源状况:西区北门附近围栏有栽培。分布于华北、华东和华中等地。

茅莓 *Rubus parvifolius* L.

科属:蔷薇科　悬钩子属

别名:小叶悬钩子、茅莓悬钩子

形态特征:灌木。小叶3枚,菱状圆形或倒卵形,顶端圆钝或急尖,基部圆形或宽楔形,下面密被灰白色绒毛,叶缘有不整齐粗锯齿或缺刻状粗重锯齿。伞房花序顶生或腋生,稀顶生,花序成短总状,被柔毛和细刺;花梗具柔毛和稀疏小皮刺;花萼外面密被柔毛和疏密不等的针刺;花瓣卵圆形,粉红至紫红色,基部具爪;雄蕊花丝白色。果实红色。花期5~6月,果期7~8月。

利用价值:果实酸甜多汁,可供食用、酿酒等。全株入药。

识别特征:灌木;小枝、叶柄、花梗有皮刺;叶互生,三出复叶,背面被灰白色绒毛;花瓣粉红色。

资源状况:西区第三教学楼到西区学生活动中心路旁有野生。我国各地都有分布。

火棘 *Pyracantha fortuneana* (Maxim.) H. L. Li

科属：蔷薇科　火棘属

别名：火把果、救兵粮、救军粮

形态特征：常绿灌木，高达3米；侧枝短，先端成刺状。叶片倒卵形或倒卵状长圆形，长1.5~6厘米，宽0.5~2厘米，先端圆钝或微凹，叶缘有钝锯齿，近基部全缘，两面皆无毛；叶柄短。花集成复伞房花序，花瓣白色，近圆形，长约4毫米；雄蕊20枚；花柱5枚，离生，与雄蕊等长。果实近球形，直径约5毫米，橘红色或深红色。花期4~5月，果期8~10月。

利用价值：果实可生食，果实磨粉可作代食品。园林观赏植物，作绿篱。

识别特征：短侧枝刺状，叶片倒卵形或倒卵状长圆形，深绿色，互生，叶缘有钝锯齿；花白色；果实深红色，直径约5毫米。

其他：鲜红色果实在枝上形似火把，俗称火把果。侧枝有刺，故称火棘。

资源状况：校园常见植物。分布于我国中部、东部、西南等地。

石楠 *Photinia serrulata* Lindl.

科属:蔷薇科　石楠属

别名:凿木、千年红

形态特征:常绿灌木或小乔木。叶片革质,长椭圆形、长倒卵形或倒卵状椭圆形,叶缘有疏生具腺细锯齿,近基部全缘,上面光亮。复伞房花序顶生;花密生;花瓣白色,雄蕊20枚。果实红色。花期4~5月,果期10月。

利用价值:种子可榨油。叶、根可供药用。园林绿化植物。

识别特征:常绿灌木;叶片革质互生,长椭圆形、长倒卵形,叶缘有疏生具腺细锯齿、刺齿,上面光亮;复伞房花序顶生,花白色,盛开时具浓郁的异味;果红色。

其他:"photinia"指叶片表面有光泽这一特征。"serrulata"意为"有锯齿的",指叶缘有锯齿或刺齿。

资源状况:校园常见植物。分布于我国秦岭至长江流域以南各地。

重瓣棣棠 *Kerria japonica* (L.) DC. f. *pleniflora* (Witte) Rehd.

科属：蔷薇科 棣棠属

别名：鸡蛋黄花、土黄条

形态特征：落叶灌木。小枝绿色。叶互生，顶端长渐尖，叶缘有尖锐重锯齿，两面绿色，托叶膜质，早落。单花，花直径2.5~6厘米；萼片宿存；花瓣黄色，宽椭圆形，顶端下凹，瘦果倒卵形。花期4~6月。

利用价值：茎髓作为通草的代用品入药，有催乳利尿之效。

识别特征：落叶灌木；小枝绿色；叶互生，叶缘有尖锐重锯齿；单花，黄色。易识别。

资源状况：西区活动中心和东区女生楼、眼镜湖旁有栽培。我国大部分地区栽培。

刺槐 *Robinia pseudoacacia* L.

科属:豆科　刺槐属

别名:洋槐

形态特征:落叶乔木,树皮浅裂至深纵裂。羽状复叶长10~25厘米;小叶2~12对,常对生,椭圆形、长椭圆形或卵形,全缘,小托叶针芒状,总状花序腋生,苞片早落,萼齿5枚,三角形至卵状三角形,花冠白色,雄蕊二体,子房无毛。荚果褐色,扁平。花期4~6月,果期8~9月。

利用价值:行道树。可作木材。

识别特征:落叶乔木,树皮浅裂至深纵裂;叶互生,羽状复叶,托叶针刺状;总状花序腋生,花蝶形,白色;荚果扁平。

资源状况:西区有栽培。原产于美国东部,现全国各地广泛栽植。

槐 *Sophora japonica* L.

科属：豆科　槐属

别名：豆槐、槐花树

形态特征：乔木。羽状复叶长达25厘米；托叶形状多变，早落；小叶4~7对，小托叶2枚。圆锥花序顶生，常呈金字塔形；花冠白色或淡黄色。荚果串珠状，成熟后不开裂。花期7~8月，果期8~10月。

利用价值：可作木材。栽培观赏。根皮、槐花和果实均入药。

识别特征：乔木；羽状复叶互生，有托叶；圆锥花序，花白色；荚果念珠状，不开裂。

资源状况：东区东门附近有栽培。原产于中国，现广泛栽培。

龙爪槐 *Sophora japonica* L. var. *pendula* Loud.

科属:豆科　槐属

形态特征:乔木。当年生枝绿色。羽状复叶长达25厘米;叶柄基部膨大,包裹着芽;托叶形状多变,早落;小叶4~7对,对生或近互生,稍偏斜,下面灰白色;小托叶2枚,钻状。圆锥花序顶生,常呈金字塔形;小苞片2枚,形似小托叶;花萼浅钟状,萼齿5枚;花冠白色或淡黄色。荚果串珠状,成熟后不开裂。花期7~8月,果期8~10月。

利用价值:栽培供观赏。

识别特征:叶互生,羽状复叶;枝和小枝均下垂,似龙爪;圆锥花序。极易识别。

其他:"pendula"意为"下垂的",指枝和小枝均下垂,并向不同方向弯曲盘旋,形似龙爪,为槐的芽突变种类,故名龙爪槐。用槐作砧木,嫁接繁殖。

资源状况:校园常见。原产中国。

紫荆 *Cercis chinensis* Bunge

科属:豆科　紫荆属

别名:裸枝树

形态特征:丛生或单生灌木。树皮和小枝灰白色。叶近圆形或三角状圆形,基部浅至深心形。花紫红色或粉红色,2~10余朵成束,簇生于老枝和主干上,通常先于叶开放;龙骨瓣基部具深紫色斑纹。荚果扁狭长形,喙细而弯曲。花期3~4月,果期8~10月。

利用价值:树皮可入药,有清热解毒,活血行气,消肿止痛之功效。园林绿化植物。

识别特征:丛生灌木;叶互生,基部浅至深心形;花紫红色,成簇生于老枝和主干上;荚果扁而狭长。

其他:中国香港的区花为羊蹄甲属的植物洋紫荆(*Bauhinia variegata*),而不是本种。

资源状况:校园有栽培。分布于我国东南部。

合欢 *Albizia julibrissin* Durazz.

科属：豆科　合欢属

别名：绒花树

形态特征：落叶乔木。托叶线状披针形，早落。二回羽状复叶，小叶10~30对，线形至长圆形，向上偏斜。头状花序于枝顶排成圆锥花序；花粉红色；花萼管状，花冠长8毫米，裂片三角形，花萼、花冠外均被短柔毛；花丝长2.5厘米。荚果带状。花期6~7月，果期8~10月。

利用价值：可作行道树、观赏树。树皮供药用。也可作木材。

识别特征：落叶乔木；二回羽状复叶，小叶10~30对；头状花序于枝顶排成圆锥花序，花粉红色；荚果带状。

资源状况：校园常见栽培植物。分布于我国东北至华南及西南部各地。

楝 *Melia azedarach* L.

科属：楝科　楝属

别名：苦楝、楝树、紫花树

形态特征：落叶乔木。叶为2~3回奇数羽状复叶，小叶对生，卵形、椭圆形至披针形。圆锥花序约与叶等长；花瓣淡紫色；雄蕊管紫色，有纵细脉，管口有钻形、2~3齿裂的狭裂片10枚，花药10枚。核果球形至椭圆形；种子椭圆形。花期4~5月，果期10~12月。

利用价值：可作木材。鲜叶可作农药，有毒。果核仁油可供制油漆、润滑油和肥皂。园林绿化植物。

识别特征：叶为互生的2~3回奇数羽状复叶，小叶对生，有光泽；花紫色，花瓣5~6枚，花芳香，圆锥花序腋生；果实黄色，球形至椭球形。

其他：楝读音"liàn"。

资源状况：西区北门、图书馆西侧可见。分布于黄河以南各地，目前广泛栽培。

科属:大戟科　重阳木属

别名:乌杨、茄冬树

形态特征:落叶乔木。三出复叶;顶生小叶通常较两侧的大,小叶片纸质,卵形或椭圆状卵形,基部圆或浅心形,叶缘具钝细锯齿。花雌雄异株,春季与叶同时开放,组成总状花序;花序通常着生于新枝的下部,花序轴纤细而下垂;雄花花丝短,有明显的退化雌蕊;雌花的萼片与雄花的相同,有白色膜质的边缘。果实圆球形,成熟时褐红色。花期4~5月,果期10~11月。

利用价值:可作木材、行道树。果肉可酿酒。

识别特征:落叶乔木;三出复叶,互生,叶缘具钝细锯齿;花雌雄异株,组成总状花序;果实成熟时褐红色。

其他:"polycarpa"意为"果实较多的"。

资源状况:东区食堂西侧、图书馆附近、家属区、西区等地有栽培。分布于我国东部、中部和西南部地区。

乌桕 *Sapium sebiferum* (L.) Roxb.

科属：大戟科　乌桕属

别名：腊子树、桕子树

形态特征：乔木。各部均无毛而具乳状汁液。叶互生，菱形、菱状卵形或稀有菱状倒卵形，全缘。花单性，雌雄同株同序，总状花序，雌花通常生于花序轴最下部；雄蕊2枚；子房卵球形，花柱3枚。蒴果成熟时黑色；种子扁球形，黑色，外被白色、蜡质的假种皮。花期5~6月，果期10~11月。

利用价值：根皮治毒蛇咬伤。白色蜡质假种皮可制肥皂、蜡烛，种子可提取油。观叶植物。

识别特征：落叶乔木；叶互生，菱形、菱状卵形；花单性，雌雄同株同序；种子外被白色、蜡质的假种皮。易识别。

其他：桕音同"旧"。"sebiferum"意为"具蜡质的"，指种子外包被的蜡质假种皮。秋冬季节叶片变为红色、黄色，极具观赏价值。

资源状况：东区食堂门口，西区常见栽培，或野生。在我国主要分布于黄河以南各地。

科属:大戟科　山麻杆属

别名:荷包麻

形态特征:落叶灌木。叶阔卵形或近圆形,顶端渐尖,基部心形、浅心形或近截平,叶缘具粗锯齿或具细齿,下面基部具斑状腺体2或4枚。雌雄同株或异株,雄花序穗状,1~3枚生于一年生枝已落叶腋部,雄花萼片3(~4)枚,雄蕊6~8枚;雌花序总状,顶生。雌花萼片5枚;子房球形,被绒毛,花柱3枚,线状。蒴果近球形,具3圆形棱。花期3~5月,果期6~7月。

利用价值:茎皮纤维为制纸原料。叶可作饲料。园林绿化观叶植物。

识别特征:落叶灌木;单叶互生,叶阔卵形或近圆形,叶缘有锯齿,叶下面基部有腺体,有托叶、小托叶;雄花序穗状,雌花序总状,花柱3枚。

资源状况:西区篮球场旁和力学楼附近、东区活动中心附近有栽培。分布于秦岭以南地区。

黄杨 *Buxus sinica* (Rehd. et Wils.) Cheng ex M. Cheng

科属:黄杨科　黄杨属

别名:黄杨木

形态特征:灌木或小乔木。小枝四棱形。叶革质,阔椭圆形、阔倒卵形、卵状椭圆形或长圆形,先端圆或钝,常有小凹口,基部圆或急尖或楔形,叶面光亮,中脉凸出。花序腋生,头状,花密集,花序轴长3~4毫米,被毛,苞片阔卵形,长2~2.5毫米,背部多少有毛;雄花约10朵,无花梗,不育雌蕊有棒状柄,末端膨大;雌花花柱粗扁,柱头倒心形。蒴果近球形。花期3月,果期5~6月。

利用价值:栽培观赏。

识别特征:灌木;小枝四棱形;叶革质,阔椭圆形、阔倒卵形,表面光亮,较小;头状花序腋生,子房3室,花柱3枚,似小三角鼎。

资源状况:校园常见。分布于陕西、甘肃以及长江以南等地。

冬青卫矛 *Euonymus japonicus* L.

科属:卫矛科　卫矛属

别名:大叶黄杨

形态特征:灌木。小枝四棱。叶革质,有光泽,倒卵形或椭圆形,先端圆阔或急尖,基部楔形,叶缘具有浅细钝齿。聚伞花序5~12花,花序梗长2~5厘米,2~3次分枝;花白绿色,花瓣近卵圆形,雄蕊花药长圆状。蒴果近球状,直径约8毫米,淡红色;种子假种皮橘红色,全包种子。花期6~7月,果熟期9~10月。

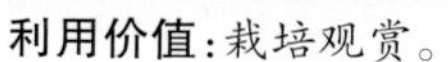

利用价值:栽培观赏。

识别特征:灌木;叶交互对生,革质,有光泽,叶缘具有浅细钝齿;聚伞花序,花4基数;假种皮橘红色。

其他:校园内还有金边黄杨等栽培变型。

资源状况:校园常见。我国南北各地均有栽培。

七叶树 *Aesculus chinensis* Bunge

科属：七叶树科　七叶树属

形态特征：落叶乔木。掌状复叶，由5~7枚小叶组成；小叶边缘有钝尖形的细锯齿。花序圆筒形，小花序常由5~10朵花组成；花杂性，雄花与两性花同株；花瓣4枚，白色；雄蕊6枚。果实球形，黄褐色；种子栗褐色。花期4~5月，果期10月。

利用价值：可作木材。种子可作药用，榨油可制造肥皂。园林绿化植物。

识别特征：落叶乔木；掌状复叶小叶一般7枚；花序圆筒形，聚伞花序排成圆锥状，花白色；种子似板栗。

其他："chinensis"意为"中国的"。掌状复叶一般为7小叶，故称"七叶树"。种子形似板栗，具毒，不可食用。

资源状况：西区生命科学学院前栽培较多。秦岭有野生的。

三角槭 *Acer buergerianum* Miq.

科属:槭树科　槭属

别名:三角枫

形态特征:落叶乔木。叶纸质,基部近于圆形或楔形,椭圆形或倒卵形,通常浅3裂,裂片向前延伸,稀全缘,中央裂片三角卵形,侧裂片短钝尖或甚小,以至于不发育,裂片边缘通常全缘,上面深绿色,下面黄绿色或淡绿色,被白粉,初生脉3条。花多数常成顶生被短柔毛的伞房花序,萼片5枚,黄绿色,卵形;花瓣5枚,淡黄色;雄蕊8枚,与萼片等长或微短,花梗长5~10毫米。小坚果双生,具翅,翅与小坚果共长2~2.5厘米,基部狭窄,张开成锐角或近于直立。花期4月,果期8月。

利用价值:栽培观赏。

识别特征:落叶乔木;叶交互对生,通常浅3裂,上面深绿色,下面黄绿色或淡绿色,被白粉;伞房花序;小坚果有翅。

其他:叶通常3浅裂,有3个角,故名三角枫。

资源状况:东区眼镜湖西南角、郭沫若路有栽培。分布于山东以及长江以南等地。

栾树 *Koelreuteria paniculata* Laxm.

科属:无患子科　栾树属

别名:木栾

形态特征:落叶乔木。叶一回、不完全二回或偶有二回羽状复叶;小叶对生或互生,纸质,卵形、阔卵形至卵状披针形,叶缘有不规则的钝锯齿。聚伞圆锥花序,分枝长而广展;花淡黄色,稍芬芳;花瓣4枚,开花时向外反折;雄蕊8枚。蒴果圆锥形,具3棱,顶端渐尖。花期6~8月,果期9~10月。

利用价值:可作木材。庭园观赏树。花供药用。

识别特征:落叶乔木;叶一回、不完全二回或偶有二回羽状复叶;聚伞圆锥花序,花淡黄色,花瓣4枚;蒴果圆锥形,具3棱,顶端渐尖。和全缘叶栾树的区别:全缘叶栾树二回羽状复叶,小叶全缘,蒴果顶端钝或圆。

其他:"paniculata"意为"圆锥花序的",指花序的形状。

资源状况:东区眼镜湖东南侧、郭沫若广场西侧有栽培。分布于我国大部分省区。

全缘叶栾树 *Koelreuteria bipinnata* Franch. var. *integrifoliola* Merr.

科属：无患子科　栾树属

形态特征：落叶乔木。二回羽状复叶，小叶互生，很少对生。圆锥花序大型；萼5裂达中部；花瓣4枚；雄蕊8枚。蒴果椭圆形或近球形，具3棱，淡紫红色，老熟时褐色，顶端钝或圆，有小凸尖。花期7~9月，果期8~10月。

利用价值：可作木材。庭园观赏树。根、花可入药。

识别特征：落叶乔木；二回羽状复叶；圆锥花序，花瓣4枚；蒴果椭圆形或近球形，具3棱，淡紫红色，老熟时褐色，顶端钝或圆。和栾树的区别是：栾树小叶边缘有不规则的钝锯齿，蒴果顶端渐尖。

其他："bipinnata"意为"二回羽状的"，指叶片为二回羽状复叶，"integrifoliola"意为"全缘叶的"。

资源状况：校园常见。分布于华东、华南以及云南、贵州等地。

枳椇 *Hovenia acerba* Lindl.

科属：鼠李科　枳椇属

别名：拐枣、南枳椇

形态特征：高大乔木。叶互生，厚纸质至纸质，宽卵形、椭圆状卵形或心形，顶端长渐尖或短渐尖，基部截形或心形，叶缘常具整齐浅而钝的细锯齿。二歧式聚伞圆锥花序，顶生和腋生，花两性；花瓣椭圆状匙形，具短爪；花盘被柔毛；花柱半裂。浆果状核果近球形，无毛，成熟时黄褐色或棕褐色；果序轴明显膨大；种子暗褐色或黑紫色。花期5~7月，果期8~10月。

利用价值：膨大的果序轴可食用，或泡酒，称"拐枣酒"。

识别特征：落叶乔木；单叶互生，叶缘有浅而钝的细锯齿；二歧式聚伞花序顶生、腋生，花瓣有短爪；果序轴膨大。

资源状况：东区图书馆南侧、西区第三教学楼西侧路边有栽培。我国南方大部分地区都有分布。

木槿 *Hibiscus syriacus* L.

科属:锦葵科　木槿属

别名:木棉、荆条

形态特征:落叶灌木。叶菱形至三角状卵形,具深浅不同的3裂或不裂,先端钝,基部楔形,叶缘具不整齐齿缺;托叶线形。花单生于枝端叶腋间;小苞片6~8枚,线形;花钟形,淡紫色。蒴果卵圆形,密被黄色星状绒毛。花期7~10月。

利用价值:主要供园林观赏,或作绿篱。茎皮作造纸原料,可入药。

识别特征:落叶灌木;叶菱形至三角状卵形,具深浅不同的3裂或不裂,叶缘具不整齐齿缺;花钟形,淡紫色。因叶形独特易识别。

资源状况:西区常见栽培。原产于东亚。我国各地栽培。

木芙蓉 *Hibiscus mutabilis* L.

科属:锦葵科　木槿属

别名:芙蓉花、芙蓉

形态特征:落叶灌木或小乔木。叶宽卵形至圆卵形或心形,常5~7裂,裂片三角形,先端渐尖;托叶披针形,常早落。花单生于枝端叶腋间;小苞片8枚,线形;萼钟形,裂片5枚;花初开时白色或淡红色,后变深红色;雄蕊柱无毛;花柱末端5裂,疏被毛。蒴果扁球形,被淡黄色刚毛和绵毛,果爿5枚;种子背面被长柔毛。花期8~10月。

利用价值:园林观赏植物。花、叶供药用。

识别特征:落叶灌木;叶片似悬铃木,互生,有托叶;小苞片8枚,萼裂片5枚,花初开时白色或淡红色,后变深红色;果爿5枚。

其他:“mutabilis”意为“易变的”,指花色会变化这一特征。

资源状况:西区也西湖湖心岛有栽培。除东北和西北外,我国各地均有分布。

秃瓣杜英 *Elaeocarpus glabripetalus* Merr.

科属:杜英科　杜英属

形态特征:乔木。叶纸质或膜质,倒披针形,长8~12厘米;叶柄长4~7毫米,偶有长达1厘米,无毛,干后变黑色。总状花序常生于无叶的上年枝上;萼片5枚,披针形;花瓣5枚,白色,撕裂为14~18条,基部窄,外面无毛;雄蕊20~30枚,花丝极短,花药顶端无附属物但有毛丛。核果椭圆形。花期7月。

利用价值:观赏。

识别特征:乔木;叶互生,老叶红色;总状花序花偏朝一边,花白色,花瓣5枚,撕裂,呈流苏状;核果椭圆形。

资源状况:西区活动中心旁边、东区化学楼附近有零星栽培。分布于我国南方和西南地区。

梧桐 *Firmiana simplex* (L.) W. Wight

科属：梧桐科　梧桐属

别名：青桐

形态特征：落叶乔木，树皮青绿色。叶心形，掌状3~5裂，裂片三角形，顶端渐尖，基部心形，叶柄与叶片等长。圆锥花序顶生，花淡黄绿色；萼5深裂，萼片条形，向外卷曲。蓇葖果膜质，有柄，成熟前开裂成叶状，每蓇葖果有种子2~4粒；种子圆球形，表面有皱纹。花期6月。

利用价值：作观赏树木、行道树等。茎、叶、花、果和种子均可药用。也可作木材。

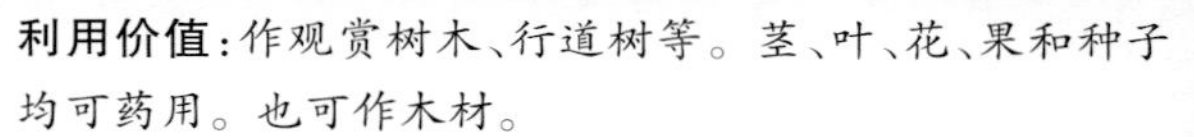

识别特征：落叶乔木；叶心形，掌状3~5裂，裂片三角形；圆锥花序顶生；蓇葖果成熟前开裂成叶状。易识别。

资源状况：东区校史馆附近和家属区附近有栽培。分布于我国南北各地。

金丝桃 *Hypericum monogynum* L.

科属:藤黄科　金丝桃属

别名:金线蝴蝶、金丝海棠

形态特征:灌木。茎红色。叶对生,无柄或具短柄,叶片倒披针形或椭圆形至长圆形,坚纸质,上面绿色,下面淡绿但不呈灰白色。花序具1~15(~30)朵花,疏松的近伞房状;花瓣金黄色至柠檬黄色,开张,三角状倒卵形;雄蕊多数,基部合生为5束,与花瓣几等长,花柱合生几达顶端。蒴果宽卵珠形。花期5~8月,果期8~9月。

利用价值:果作连翘代用品,根能祛风、治跌打损伤等。花美丽,供观赏。

识别特征:灌木;叶对生,椭圆形;花瓣金黄色,雄蕊合生成5束,花柱顶端5裂。

资源状况:东区眼镜湖畔,西区校车站旁较多。分布于我国大部分地区。

结香 *Edgeworthia chrysantha* Lindl.

科属:瑞香科　结香属

别名:黄瑞香、打结花、三叉树

形态特征:灌木。小枝褐色,常作三叉分枝,韧皮极坚韧。叶在花前凋落,长圆形,披针形至倒披针形。头状花序顶生或侧生,花芳香,无梗,花萼外面密被白色丝状毛,黄色,顶端4裂;雄蕊8枚,2轮。花期冬末春初,果期春夏间。

利用价值:茎皮纤维可造纸。全株可入药。园林栽培植物。

识别特征:灌木;小枝常作三叉分枝,叶痕大;叶在花前凋落;头状花序顶生或侧生成绒球状,花芳香,无梗,花萼黄色;果椭圆形,绿色。

其他:“chrysantha”意为“金色花”,指花的颜色。小枝常作三叉分枝,俗称“三叉树”;枝条韧性好,将其打结也不容易折断,花芳香,故名“结香”,因此也俗称“打结花”。黄色部分为花萼,而非花冠。

资源状况:西区5号楼、东区学生宿舍旁等地有栽培。分布于长江以南等地。

紫薇 *Lagerstroemia indica* L.

科属:千屈菜科 紫薇属

别名:痒痒树、百日红

形态特征:落叶乔木或灌木。树皮光滑,灰褐色;小枝细长,具4棱。单叶,互生或近对生,近无柄,椭圆形或倒卵形,长3~7厘米。圆锥花序生于枝端,花3基数;花萼筒具6枚裂片;花瓣6枚,皱缩,具长爪,紫红色、蓝紫色、粉红色或白色;雄蕊36~42枚,外轮6枚生于萼筒上,明显较长。蒴果,室背开裂,干燥后紫黑色;种子具翅。花期6~10月,果期9~12月。

利用价值:庭院栽培或作盆景观赏。根、树皮、叶和花均可入药。树干坚硬,耐腐,可木材。

识别特征:树皮光滑;小枝纤细,具4棱;圆锥花序生于枝端,花瓣皱缩,具长爪,外轮6枚较长,蒴果。

其他:紫薇花期很长,“谁道花红无百日,紫薇长放半年花”。据说,轻轻抓挠树干,细枝会轻微晃动,故名痒痒树。

资源状况:各校区常见栽培。我国中部和南部均有生长或栽培。原产亚洲。

石榴 *Punica granatum* L.

科属:千屈菜科　石榴属

别名:安石榴

形态特征:落叶灌木或乔木,高3~5米。叶对生,纸质,矩圆状披针形,长2~9厘米,顶端短尖、钝尖或微凹,基部短尖至稍钝形,上面光亮,侧脉稍细密;叶柄短。花大,1~5朵生于枝顶;萼筒红色,裂片略外展,卵状三角形;花瓣大,红色、黄色或白色;花柱长超过雄蕊。浆果近球形,直径5~12厘米,通常为淡黄褐色或淡黄绿色,有时白色,稀暗紫色;种子多数。花期6~8月,果期9~10月。

利用价值:肉质的外种皮可食用。果皮入药。树皮、根皮和果皮可提制栲胶。也可作行道树。

识别特征:落叶灌木;叶对生,矩圆状披针形;花大,红色;果期萼筒宿存。

其他:"punica"意为深红色的,指石榴花的颜色,"granatum"意为"种子较多的",指果实中种子很多。原属于石榴科,现新版《中国植物志》已修订。

资源状况:东区第一教学楼东侧石榴园,西区本科生食堂附近、第三教学楼等地有栽培。原产于亚洲中部,全世界都有种植。

喜树 *Camptotheca acuminata* Decne.

科属: 蓝果树科　喜树属

别名: 旱莲木

形态特征: 落叶乔木。叶互生,纸质,矩圆状卵形或矩圆状椭圆形,全缘,上面亮绿色,下面淡绿色,中脉在上面微下凹,在下面凸起。常由2~9朵头状花序组成圆锥花序,顶生或腋生,通常上部为雌花序,下部为雄花序。翅果幼时绿色,干燥后黄褐色,着生成近球形的头状果序。花期5~7月,果期9月。

利用价值: 可作庭园树或行道树。树根可作药用。

识别特征: 落叶乔木;叶互生,上面亮绿色,中脉在上面微下凹;翅果干燥后黄褐色,着生成近球形的头状果序。易识别。

资源状况: 西区较常见。我国特有树种。

八角金盘 *Fatsia japonica* Decne. et Planch.

科属:五加科　八角金盘属

形态特征:常绿灌木或小乔木。叶片大,革质,近圆形,掌状7~9深裂,裂片长椭圆状卵形,先端短渐尖,基部心形,叶缘有疏离粗锯齿,上表面暗亮绿。圆锥花序顶生;花瓣5枚,黄白色;雄蕊5枚,花丝与花瓣等长;子房5室,花柱5枚。果序近球形,熟时黑色。花期10~11月,果熟期翌年4月。

利用价值:观叶植物。

识别特征:常绿灌木;叶片大,互生,革质,近圆形,掌状7~9深裂;伞形花序排列成圆锥状。易识别。

资源状况:校园常见植物。原产于日本,现各地栽培。

花叶青木 *Aucuba japonica* Thunb. var. *variegata* Domb.

科属:桃叶珊瑚科　桃叶珊瑚属

别名:黄斑桃叶珊瑚、洒金桃叶珊瑚、洒金树

形态特征:常绿灌木,高约3米。枝、叶对生。叶革质,长椭圆形,卵状长椭圆形,先端渐尖,基部近于圆形或阔楔形,上面亮绿色,下面淡绿色,叶缘上段具疏锯齿或近于全缘。圆锥花序顶生,雄花序总梗被毛;雌花序长2~3厘米,具2枚小苞片,子房被疏柔毛。果卵圆形,暗紫色或黑色。花期3~4月,果期8~10月。

利用价值:观叶植物。

识别特征:常绿灌木;枝、叶对生;叶革质,叶缘有疏锯齿,叶面有金色斑点。易识别。

其他:校内栽培的为其变种"花叶珊瑚",由于叶面有金色斑点,故称洒金树、洒金珊瑚。校内植株未见花果。果实摄于上海交通大学。

资源状况:东区西门附近有栽培。分布于我国长江流域以南等地。

锦绣杜鹃 *Rhododendron pulchrum* Sweet

科属:杜鹃花科　杜鹃属

别名:鲜艳杜鹃、映山红

形态特征:半常绿灌木。叶薄革质,椭圆状长圆形至椭圆状披针形或长圆状倒披针形,先端钝尖,基部楔形;叶柄密被棕褐色糙伏毛。伞形花序顶生,有花1~5朵;密被淡黄褐色长柔毛;花萼大,绿色,5深裂,裂片披针形,被糙伏毛;花冠玫红色,阔漏斗形,裂片5枚,阔卵形,具深红色斑点;雄蕊10枚;子房卵球形,密被黄褐色刚毛状糙伏毛,花柱无毛。蒴果长圆状卵球形,花萼宿存。花期4~5月,果期9~10月。

利用价值:栽培观赏。

识别特征:灌木;叶互生;伞形花序顶生,花玫红色,具深红色斑点,裂片5枚,雄蕊10枚;蒴果。

资源状况:西区图书馆附近、东区郭沫若路有栽培。分布于我国长江中下游流域等地。

柿 *Diospyros kaki* Thunb.

科属:柿科　柿属

形态特征:落叶大乔木。树皮裂成长方块状。叶纸质,卵状椭圆形至倒卵形或近圆形,先端渐尖或钝,基部楔形。花雌雄同株或异株,花序腋生,为聚伞花序;雄花序小,弯垂,深4裂;雌花单生叶腋,花萼绿色,有光泽,深4裂。果形变化大。花期5~6月,果期9~10月。

利用价值:可作木材。果实可食用。也作园林绿化植物。

识别特征:落叶大乔木,树皮裂成长方块状;叶互生,卵状椭圆形;雌花单生叶腋,花萼绿色,有光泽,深4裂。

其他:"kaki"来自柿在日语中的发音"かき"。

资源状况:东区郭沫若路和家属区有栽培。原产于我国长江流域。

君迁子 *Diospyros lotus* L.

科属:柿科　柿属

别名:软枣、黑枣

形态特征:落叶乔木。叶椭圆形至长椭圆形,先端渐尖或急尖,基部钝,宽楔形以至近圆形,上面深绿色,有光泽。雄花1~3朵腋生,簇生,近无梗;花萼钟形,4裂,偶有5裂,裂片卵形;花冠壶形,带红色或淡黄色,4裂;雄蕊16枚,每2枚连生成对,子房退化;雌花单生,几无梗,淡绿色或带红色;花冠壶形,4裂,偶有5裂,反曲,退化雄蕊8枚;花柱4枚;果实宿存萼4裂,深裂至中部。花期5~6月,果期10~11月。

利用价值:成熟果实可食用,亦可制成柿饼。可入药,或作木材。

识别特征:落叶乔木;单叶互生,上面深绿色,有光泽;雄花1~3朵腋生,簇生,雌花单生,花冠壶形,4裂;果实宿存萼4裂。

资源状况:东区第五教学楼附近有栽培。分布于秦岭至淮河以南等地。

桂花 *Osmanthus fragrans* (Thunb.) Lour.

科属:木犀科　木犀属

别名:桂、木犀

形态特征:常绿乔木或灌木。叶片革质,椭圆形、长椭圆形或椭圆状披针形。聚伞花序簇生于叶腋,每腋内有花多朵;花极芳香;花萼长约1毫米,裂片稍不整齐;花冠黄白色、淡黄色、黄色或橘红色。果歪斜,椭圆形,呈紫黑色。花期9~10月上旬,果期翌年3月。

利用价值:花为名贵香料,并作食品香料。供栽培观赏。

识别特征:叶片对生,革质,椭圆形,两面无毛,通常上半部具细锯齿;聚伞花序簇生于叶腋;果熟时紫黑色。

其他:"osmanthus"意为"香花的";"fragrans"意为"芳香的",都意在指明花极其芳香的特性。因其材质致密,纹理如犀,故又称木犀。桂花的品种较多,以花色可分为金桂(深黄色)、银桂(黄白色或近白色)和丹桂(橙红色或橙黄色)。以花期或叶形而言,还有其他品种。

资源状况:校园常见观花树木。原产于我国西南部。

迎春 *Jasminum nudiflorum* Lindl.

科属:木犀科　素馨属

别名:旱莲木

形态特征:落叶灌木。枝条下垂,小枝四棱形。叶对生,三出复叶;小叶片卵形、长卵形,顶生小叶片较大。花单生于上年生小枝的叶腋;花萼绿色;花冠黄色,裂片5~6枚,长圆形或椭圆形,先端锐尖或圆钝。花期2~4月。

利用价值:供栽培观赏。

识别特征:落叶灌木;叶对生,三出复叶;花冠黄色,裂片5~6枚。校园内易与野迎春相混淆,野迎春为常绿灌木,早春开花时仍然有叶片,花较大,而迎春先开花后长叶,花较小。无花时,野迎春小叶大小普遍比迎春大。

其他:“nudiflorum”意为“裸花的”。

资源状况:校园常见早春开花植物。我国及世界各地普遍栽培。

野迎春 *Jasminum mesnyi* Hance

科属:木犀科　素馨属

别名:云南黄馨、云南黄素馨

形态特征:常绿直立亚灌木。枝条下垂,小枝四棱形,无毛。叶对生,三出复叶,侧生小叶片较小。花通常单生于叶腋,稀双生或单生于小枝顶端;苞片叶状;花梗粗壮,花冠黄色,裂片6~8枚,栽培时出现重瓣。花期4月。

利用价值:花大、美丽,供观赏。

识别特征:常绿灌木;叶对生,三出复叶;花冠黄色,裂片5~6枚。

资源状况:校园常见早春开花植物。我国各地均有栽培。

女贞 *Ligustrum lucidum* Ait.

科属:木犀科　女贞属

别名:青蜡树、白蜡树

形态特征:灌木或乔木。树皮灰褐色。叶片常绿,革质,卵形、长卵形,叶缘平坦,上面光亮,两面无毛。圆锥花序顶生,花序轴及分枝轴无毛;苞片常与叶同型;小苞片披针形或线形;花无梗或近无梗,芳香;花瓣4枚,白色;雄蕊2枚。果肾形或近肾形,深蓝黑色,成熟时红黑色,被白粉。花期5~7月,果期10~12月。

利用价值:种子油可制肥皂。花可提取芳香油。果含淀粉,可供酿酒或制酱油。果实、叶可入药。可作行道树。

识别特征:常绿灌木或乔木;叶片深绿色,革质,卵形、长卵形,对生,有光泽;圆锥花序,花白色、芳香;果深蓝黑色。

其他:"lucidum"意为"有光泽的",指叶片表面有光泽。

资源状况:校园常见行道树。分布于我国长江以南至华南、西南各地。

小叶女贞 *Ligustrum quihoui* Carr.

科属:木犀科　女贞属

形态特征:落叶灌木。小枝淡棕色。叶片薄革质,形状和大小变异较大,披针形、长圆状椭圆形、椭圆形、倒卵状长圆形至倒披针形或倒卵形。圆锥花序顶生,近圆柱形,分枝处常有1对叶状苞片;小苞片卵形;花萼无毛,萼齿宽卵形或钝三角形;花冠白色;雄蕊伸出裂片外,花丝与花冠裂片近等长或稍长。果倒卵形,呈紫黑色。花期5~7月,果期8~11月。

利用价值:叶、树皮可入药。

识别特征:落叶灌木;单叶对生;圆锥花序顶生,花白色,4基数,雄蕊2枚;果倒卵形,紫黑色。叶片、果实、花序均比女贞小,易区别。

资源状况:校园常见。分布于华北、华中和西南等地。

夹竹桃 *Nerium indicum* Mill.

科属：夹竹桃科　夹竹桃属

别名：柳叶桃树、柳叶树

形态特征：常绿直立大灌木。叶3~4枚轮生，下枝为对生，窄披针形，深绿。聚伞花序顶生；花冠深红色或粉红色，栽培演变有白色或黄色，漏斗状，花冠筒内面被长柔毛，花冠喉部具5枚宽鳞片状副花冠，花冠裂片倒卵形。蓇葖果2枚，离生。种皮被锈色短柔毛。花期夏秋为最盛，栽培植株很少结果。

利用价值：叶、茎皮可提制强心剂。花大，艳丽，园林绿化树种，可作行道绿篱。

识别特征：常绿灌木；叶多为3叶轮生，下枝为对生，披针形。

其他："indicum"意为"印度的"，指印度为原产地之一。叶、树皮、根、花、种子毒性极强，人、畜误食能致死。

资源状况：西区第三教学楼有栽培。分布于伊朗、印度、尼泊尔，现广泛栽培。

长春花 *Catharanthus roseus* (L.) G. Don

科属:夹竹桃科　长春花属

形态特征:半灌木。茎近方形,有条纹,灰绿色。叶膜质,倒卵状长圆形,先端浑圆,基部广楔形至楔形,渐狭而成叶柄。聚伞花序腋生或顶生,有花2~3朵;花冠红色,高脚碟状,喉部紧缩;花冠裂片宽倒卵形。蓇葖双生,直立。花期7~9月,果期9~10月。

利用价值:植株可药用。观赏花卉。

识别特征:半灌木;叶倒卵状长圆形,先端浑圆;花冠红色,高脚碟状,喉部紧缩。

其他:"catharanthus"意为"纯洁的花";"roseus"意为"玫瑰红色的",指花的颜色。常见栽培的花冠有红色、白色等颜色。

资源状况:校园常栽培于花坛。原产于非洲东部,栽培于热带和亚热带地区。

牡荆 *Vitex negundo* L. var. *cannabifolia* (Sieb. et Zucc.) Hand.-Mazz.

科属：马鞭草科　牡荆属

形态特征：落叶灌木或小乔木。小枝四棱形。叶对生，掌状复叶，小叶5枚，少有3枚；小叶片披针形或椭圆状披针形，顶端渐尖，基部楔形，叶缘有粗锯齿，表面绿色，背面淡绿色，通常被柔毛。圆锥花序顶生，长10~20厘米；花冠淡紫色。果实近球形，黑色。花期6~7月，果期8~11月。

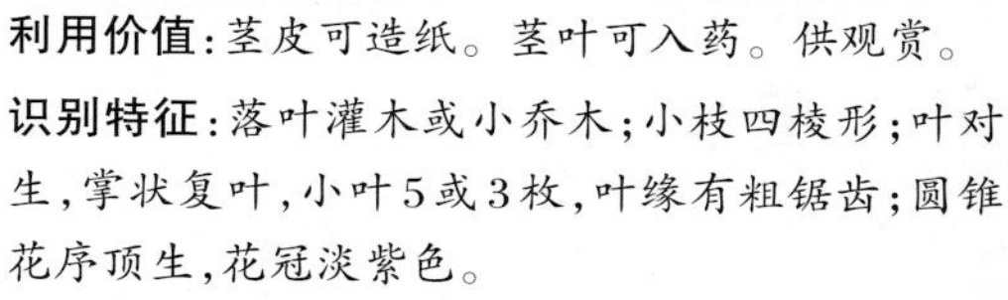

利用价值：茎皮可造纸。茎叶可入药。供观赏。

识别特征：落叶灌木或小乔木；小枝四棱形；叶对生，掌状复叶，小叶5或3枚，叶缘有粗锯齿；圆锥花序顶生，花冠淡紫色。

其他："cannabifolia"意为"大麻叶的"，指叶片形状似大麻的叶。

资源状况：西区二里河边有野生。分布于华东、华中和西南各地。

科属:玄参科　泡桐属

形态特征:乔木高达20米。叶片心脏形,长达40厘米,上面毛稀疏。花序为金字塔形或狭圆锥形,小聚伞花序具花3~5朵;萼浅钟形,外面绒毛不脱落,分裂至中部或裂过中部;花冠紫色,漏斗状钟形,檐部2唇形。花期4~5月,果期8~9月。

利用价值:供园林观赏。

识别特征:乔木;叶交互对生;花序狭圆锥形,花冠唇形,雄蕊二强。

其他:“tomentosa”意为被绒毛的,可能指萼筒外面不脱落的绒毛。

资源状况:西区健身区、东区家属区有栽培。分布于华东、华中和西南等地。

梓树 *Catalpa ovata* G. Don

科属:紫葳科　梓属

别名:楸、花楸、黄花楸

形态特征:落叶乔木。叶对生或近于对生,有时轮生,阔卵形,顶端渐尖,基部心形,全缘或浅波状,常3浅裂,叶片上面及下面均粗糙。顶生圆锥花序,花冠钟状,淡黄色,内面具2黄色条纹及紫色斑点,能育雄蕊2枚。蒴果线形,下垂。花期5~6月,果期9~11月。

利用价值:供栽培观赏。叶或树皮可作农药。果实(梓实)入药。

识别特征:叶对生,阔卵形,顶端常3裂;花黄白色,花冠喉部内面具2黄色条纹及紫色斑点;果实细长。

资源状况:东区家属区有栽培。分布于东北、华北及长江流域。

锦带花 *Weigela florida* (Bunge) A. DC.

科属：锦带花科　锦带花属

别名：海仙花

形态特征：落叶灌木。幼枝稍四棱形。叶矩圆形、椭圆形至倒卵状椭圆形，叶缘有锯齿，具短柄至无柄。花单生或成聚伞花序生于侧生短枝的叶腋或枝顶，萼齿深达萼檐中部；花冠紫红色或玫瑰红色，内面浅红色；花丝短于花冠，花药黄色；花柱细长，柱头2裂。果实顶有短柄状喙。花期4~6月。

利用价值：栽培观赏。

识别特征：落叶灌木；叶对生，叶缘有锯齿；聚伞花序生于叶腋或枝顶，花红色，5基数，雄蕊5枚。

资源状况：西区第三教学楼前、东区眼镜湖旁有栽培。分布于东北及河北、山西、山东北部等地。

形态特征:落叶或半常绿灌木。芽、幼枝、叶柄及花序均密被灰白色或黄白色簇状短毛。叶纸质,卵形至椭圆形或卵状矩圆形,叶缘有小齿。聚伞花序仅周围具大型的不孕花,有总花梗;可孕花的萼齿卵形,长约1毫米;花冠白色,辐状;雄蕊稍高出花冠。成熟果实黑色。花期4~5月。

琼花 *Viburnum macrocephalum* Fort. f. *keteleeri* (Carr.) Rehd.

科属:忍冬科　荚蒾属

别名:绣球、八仙花

利用价值:栽培观赏。

识别特征:落叶灌木;叶对生,芽、幼枝、叶柄及花序均密被短毛;聚伞花序周围有大型不育花,中间为小的可育花,花5基数,白色。

资源状况:西区研究生食堂、东区西门附近有栽培。分布于华中和华东地区。

日本珊瑚树 *Viburnum odoratissimum* K. Gawl. var. *awabuki* (K. Koch) Zabel ex Rümpler

科属:忍冬科　荚蒾属

别名:珊瑚树、法国冬青

形态特征:常绿灌木。叶倒卵状矩圆形至矩圆形,很少倒卵形,基部宽楔形,叶缘常有较规则的波状浅钝锯齿,侧脉6~8对。圆锥花序通常生于具两对叶的幼枝顶;花冠筒长3.5~4毫米,裂片长2~3毫米;花柱较细,长约1毫米,柱头常高出萼齿。果核通常倒卵圆形至倒卵状椭圆形。花期5~6月,果熟期9~10月。

利用价值:园林绿化树种。

识别特征:常绿灌木;叶对生或3叶轮生,倒卵状矩圆形;圆锥花序;果实红色。

资源状况:校园常见。分布于我国的浙江和台湾。日本和朝鲜也有。

栀子 *Gardenia jasminoides* Ellis

科属:茜草科　栀子属

别名:黄果子、黄栀子

形态特征:灌木。叶对生,革质,稀为纸质,少为3枚轮生,叶形多样,通常为长圆状披针形、倒卵状长圆形、倒卵形或椭圆形。花芳香,通常单朵生于枝顶,花冠白色或乳黄色,高脚碟状,通常6裂。果卵形,有翅状纵棱5~9条,萼片宿存。花期5~7月,果期9~11月。

利用价值:成熟果实可入药、提取染料,花可提取香料。栽培观花植物。

识别特征:灌木;叶对生或3枚轮生,革质,上面亮绿,叶形多样,通常为长圆状披针形、倒卵状长圆形等;花单生于枝顶,白色;萼管、果实有翅状纵棱。

资源状况:校园常见,东区郭沫若广场周边、食堂南部、西区等地有栽培。分布于我国中南部。

棕榈 *Trachycarpus fortunei* (Hook. f.) H. Wendl.

科属：棕榈科　棕榈属

别名：棕树

形态特征：常绿乔木状。茎不分枝，被不易脱落的老叶柄基部和密集的网状纤维，不能自行脱落。大型叶片近圆形，深裂成30~50枚具皱折的线状剑形，裂片先端具短2裂或2齿。花序粗壮，多次分枝，从叶腋抽出，常雌雄异株。雄花黄绿色，花萼3枚，卵状急尖，雄蕊6枚；雌花序上有3枚佛焰苞包着；雌花淡绿色，常2~3朵聚生，退化雄蕊6枚。果成熟时由黄色变为淡蓝色，有白粉。花期4~6月，果期8~10月。

利用价值：棕皮纤维可作绳索，编蓑衣、棕绷、地毡等。果实、叶、花、根等可入药。园林观赏树种。

识别特征：乔木状，不分枝；叶柄细长，基部有宿存网状纤维；叶片圆形，深裂，裂片剑形；圆锥花序。易识别。

资源状况：校园常见植物。分布于长江以南各地。

凤尾丝兰 *Yucca gloriosa* L.

科属：百合科　丝兰属

形态特征：常绿灌木。有明显的茎。叶缘几乎没有丝状纤维，全缘叶近莲座状簇生，坚硬，近剑形或长条状披针形，顶端具一硬刺。花葶高大而粗壮；花近白色，下垂，排成狭长的圆锥花序；花被片6枚，长约3~4厘米；花丝有疏柔毛；花柱长5~6毫米。秋季开花。

利用价值：供栽培观赏。由于叶坚硬，顶端具一硬刺，常栽培作绿篱。

识别特征：有明显的茎；叶缘全缘，近莲座状簇生，坚硬，近剑形或长条状披针形，顶端具一硬刺；圆锥花序高大而粗壮，花白色，花被片6枚。极易识别。

其他："gloriosa"意为"光荣的，著名的"，可能指此种这是著名的栽培植物，或形容花开时特别艳丽耀眼。校内极少见结果。

资源状况：校园常见栽培。原产于北美，各地均有栽培。

第二部分

藤本植物

TENGBEN ZHIWU

葎草 *Humulus scandens* (Lour.) Marr.

科属:大麻科　葎草属

别名:锯锯藤

形态特征:缠绕草本,茎、枝、叶柄均具倒钩刺。叶纸质,肾状五角形,掌状5~7深裂,稀为3裂,表面粗糙,叶缘具锯齿。圆锥花序;雌花序球果状,苞片三角形。瘦果成熟时露出苞片外。花期春夏,果期秋季。

利用价值:可作药用。种子油可制肥皂。果穗可代啤酒花。

识别特征:缠绕草本;茎、枝、叶柄均具倒钩刺;叶片对生,肾状五角形,掌状5~7深裂,稀为3裂;圆锥花序腋生。易识别。

其他:"scandens"意为"攀援的",指植物有攀援的性质。

资源状况:校园春夏季节常见攀援杂草。除青海和新疆外,我国其他各地均有分布。

何首乌 *Polygonum multiflorum* Thunb.

科属：蓼科　蓼属

别名：多花蓼

形态特征：多年生缠绕草本。块根肥厚。茎具纵棱，无毛。叶卵形或长卵形，顶端渐尖，基部心形或近心形，两面粗糙，全缘；托叶鞘膜质，偏斜，无毛。花序圆锥状，顶生或腋生，每苞内具2~4花；花被5深裂，白色或淡绿色，花被片椭圆形，大小不相等，外面3枚较大背部具翅，果时增大，雄蕊8枚，花柱3枚。瘦果卵形，具3棱，包于宿存花被内。花期8~9月，果期9~10月。

利用价值：可作绿化植物。块根入药。

识别特征：藤本；有块根；单叶互生，顶端渐尖，基部心形或近心形，一般叶正面有白色斑纹；花序圆锥状，花被5深裂；瘦果包于宿存增大的花被内。

其他："multiflorum"意为"多花的"。

资源状况：校园常见野生植物，东区操场围栏区较多。分布于华北至长江以南等地。

杠板归 *Polygonum perfoliatum* L.

科属:蓼科　蓼属

别名:贯叶蓼

形态特征:一年生草质藤本。茎具稀疏的倒生皮刺。叶三角形,顶端钝或微尖,基部截形或微心形,下面沿叶脉疏生皮刺;叶柄与叶片近等长,具倒生皮刺,盾状着生于叶片的近基部;托叶鞘叶状,绿色,近圆形,穿叶。总状花序呈短穗状,不分枝,顶生或腋生,苞片卵圆形,每苞片具花2~4朵;花被5深裂,白色或淡红色。瘦果球形,黑色,包于宿存花被内。花期6~8月,果期7~10月。

利用价值:供观赏。

识别特征:叶互生,三角形,盾状着生;茎、叶柄、叶背面有皮刺;托叶鞘圆形,贯穿。易识别。

其他:"perfoliatum"意为"贯穿叶的",指托叶贯穿这一特征。

资源状况:校园常见野生草本。除我国西北外,各地分布广泛。

科属:葡萄科　爬山虎属

别名:趴墙虎、爬墙虎

形态特征:木质藤本。卷须5~9分枝,顶端嫩时膨大呈圆珠形,后遇附着物扩大成吸盘。叶为单叶,叶片通常倒卵圆形,基部心形,叶缘有粗锯齿,上面绿色,无毛,基出脉5枚。花序着生在短枝上,形成多歧聚伞花序;萼碟形,边缘全缘或呈波状,花瓣5枚,雄蕊5枚,花柱明显。果实球形。花期5~8月,果期9~10月。

利用价值:垂直绿化植物。根入药,能祛瘀消肿。

识别特征:木质藤本;卷须与叶对生,顶端扩大成吸盘;叶为单叶,三浅裂,叶缘有粗锯齿,叶片和叶柄分别脱落。易识别。

其他:"tricuspidata"意为"三凸的",指叶片裂片为三浅裂。

资源状况:校园常见垂直绿化藤本。分布于华北、华东等地。

乌蔹莓 *Cayratia japonica* (Thunb.) Gagn.

科属:葡萄科　乌蔹莓属

别名:五爪龙

形态特征:草质藤本。小枝有纵棱纹。卷须2~3叉分枝,相隔2节间断与叶对生。叶为鸟足状5小叶,叶缘每侧有6~15个锯齿,上面绿色,下面浅绿色;托叶早落。花序腋生,复二歧聚伞花序;萼碟形,边缘全缘或波状浅裂,花瓣4枚,三角状卵圆形;雄蕊4枚,花盘发达,4浅裂;子房下部与花盘合生,花柱短。果实近球形。花期6~7月,果期7~9月。

利用价值:全草入药,有凉血解毒、利尿消肿之功效。

识别特征:藤本;有卷须,且与叶对生;叶互生,为鸟足状5小叶;复二歧聚伞花序。因叶片形态特殊,易识别。

资源状况:校园常见。分布于华东和中南等地。

紫藤 *Wisteria sinensis* Sweet

科属:豆科　紫藤属

别名:藤萝树、紫藤花

形态特征:落叶藤本。茎左旋,枝较粗壮。奇数羽状复叶长15~25厘米;托叶线形,早落;小叶3~6对;小托叶刺毛状,宿存。总状花序发自上年短枝的腋芽或顶芽,苞片披针形,早落;花长2~2.5厘米,芳香;花冠紫色,旗瓣圆形,先端略凹陷。荚果倒披针形,密被绒毛,悬垂枝上不脱落,有种子1~3粒;种子褐色圆形,扁平。花期4月中旬

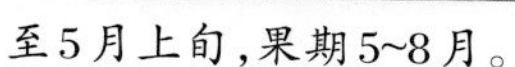

至5月上旬,果期5~8月。

利用价值:本种我国自古即栽培作庭园棚架植物,花芳香,用作观赏。种子有小毒。

识别特征:落叶藤本;奇数羽状复叶,托叶早落,小托叶宿存;总状花序下垂,花紫色,芳香;果实长条形,密被绒毛,悬垂枝上不脱落,种子褐色扁平,有光泽。

其他:“sinensis”意为“中国的”。

资源状况:校园少见,东区老北门、艺术中心和西区校车站附近有栽培。分布于河北以南,黄河长江流域及陕西等地。

扁豆 *Lablab purpureus* (L.) Sweet

科属:豆科　扁豆属

别名:藤豆

形态特征:一年生缠绕藤本。全株几无毛。羽状复叶具3小叶;托叶基着,披针形;小托叶线形;小叶宽三角状卵形,侧生小叶两边不等大,偏斜。总状花序直立,花序轴粗壮,小苞片2枚,脱落;花2至多朵簇生于节上;花萼钟状,花冠白色或紫色,旗瓣圆形。荚果长圆状镰形,扁平,顶端有弯曲的尖喙。花果期6~11月。

利用价值:嫩荚作蔬食。白花和白色种子入药。

识别特征:缠绕藤本;羽状复叶有三小叶,侧生小叶两边不等大,有托叶、小托叶;总状花序;荚果扁平。

其他:荚果扁平,故名扁豆。但豆科其他植物也有扁平的荚果。

资源状况:校园常见栽培,或逸生于荒地。我国各地广泛栽培。

常春藤 *Hedera nepalensis* K. Koch. var. *sinensis* (Tobl.) Rehd.

科属:五加科　常春藤属

别名:爬树藤、爬墙虎

形态特征:常绿攀援灌木。有气生根。叶片革质,在不育枝上通常为三角状卵形或三角状长圆形,基部截形,稀心形,叶缘全缘或3裂,无托叶。伞形花序单个顶生,或2~7朵总状排列,或伞房状排列成圆锥花序;花淡黄白色或淡绿白色,芳香;萼密生棕色鳞片;花瓣5枚,三角状卵形;雄蕊5枚;子房5室;花盘隆起,黄色;花柱全部合生成柱状。果实球形。花期9~11月,果期次年3~5月。

利用价值:全株入药。枝叶供观赏用。

识别特征:常绿攀援灌木,有气生根;叶片革质,互生,叶形变化大,三角状卵形,全缘或3裂;伞形花序单个顶生或排列成圆锥花序。

资源状况:校园常见植物。分布于华北、华东及西南等地。

篱天剑 *Calystegia sepium* (L.) R. Br.

科属:旋花科　打碗花属

别名:篱打碗花、旋花

形态特征:多年生缠绕草本,全株不被毛。茎细长,有细棱。叶形多变,三角状卵形或宽卵形,顶端渐尖或锐尖,基部戟形或心形,全缘或基部稍伸展为具2~3枚大齿的裂片。花腋生,花梗常稍长于叶柄;花冠常白色,有时淡红色或紫色,漏斗状;柱头2裂。蒴果卵形,为增大的宿存苞片和萼片所包被。种子黑褐色。花果期5~9月。

利用价值:根可入药。有观赏价值。

识别特征:草质藤本;单叶互生,基部戟有伸展的大齿裂片;花生于叶腋,苞片2枚,萼片5枚,藏于苞片内,花冠漏斗状,5枚雄蕊等长,柱头2裂;蒴果。

其他:"calystegia"指萼片被苞片盖住这一特征,"sepium"意为"篱笆的",指植物攀援生长(在篱笆上)的特性。

资源状况:校园常见野生藤本植物。分布于我国甘肃、陕西以南大部分地区。

白英 *Solanum lyratum* Thunb.

科属：茄科　茄属

别名：蔓茄、山甜菜

形态特征：草质藤本，长0.5~1米。茎及小枝均密被具节长柔毛。叶互生，多数为琴形，基部常3~5深裂，裂片全缘；叶柄长1~3厘米，被有与茎枝相同的毛。聚伞花序顶生或腋外生；花冠蓝紫色或白色，5深裂，裂片椭圆状披针形。浆果球状，成熟时红黑色，直径约8毫米。花期夏秋，果熟期秋末。

利用价值：全草入药，可治小儿惊风；果实能治风火牙痛。

识别特征：草质藤本；茎及小枝均密被长柔毛；叶互生，琴形；聚伞花序顶生，花冠蓝紫色或白色。

其他："lyratum"意为"琴状的"，指叶片特有的形态。

资源状况：校园常见野生藤本植物。分布于我国甘肃、陕西以南大部分地区。

美国凌霄 *Campsis radicans* (L.) Seem.

科属:紫葳科　凌霄属

别名:厚萼凌霄、杜凌霄

形态特征:藤本,具气生根。小叶9~11枚,椭圆形至卵状椭圆形,长3.5~6.5厘米,顶端尾状渐尖,基部楔形,叶缘具齿,上面深绿色,下面淡绿色,被毛。花萼钟状,5浅裂至萼筒的1/3处,裂片齿卵状三角形;花冠筒细长,漏斗状,橙红色至鲜红色,筒部为花萼长的3倍。蒴果长圆柱形,顶端具喙尖,硬壳质。花期7~10月,果期10~11月。

利用价值:花可代凌霄花入药,功效与凌霄花类同。园林绿化植物。

识别特征:具气生根的木质藤本;奇数羽状复叶对生,小叶对生,9~11枚,叶缘有锯齿,下面淡绿色,被毛;花漏斗状,橙红色至鲜红色。易识别。

其他:"radicans"意为"有气生根的",指植物有气生根这一特征。

资源状况:校园围栏、围墙上较常见。原产于北美洲。

鸡矢藤 *Paederia scandens* (Lour.) Merr.

科属:茜草科　鸡矢藤属

别名:鸡屎藤

形态特征:藤本。叶对生,纸质,形状变化很大,托叶长3~5毫米,无毛。圆锥花序式的聚伞花序腋生和顶生;花冠浅紫色,里面被绒毛,顶部5裂。果球形,成熟时近黄色,有光泽,顶冠以宿存的萼檐裂片和花盘。花期5~7月。

利用价值:可入药,外用治皮炎、湿疹、疮疡肿毒。

识别特征:藤本;叶对生,形状变化很大,搓烂后有特殊臭味,有托叶;圆锥花序式的聚伞花序腋生和顶生,花冠浅紫色;果球形,成熟时近黄色,顶冠有宿存的萼裂片。

其他:"paederia"指植物具有的特殊臭味,"scandens"意为"上攀的",指该藤本缠绕向上"攀爬"的属性,因特殊的臭味得名鸡屎藤,但"屎"出现在名字中并不雅观,故正名为"鸡矢藤"。

资源状况:校园多生于路边或攀于其他植物上。分布于长江流域以南各地。

忍冬 *Lonicera japonica* Thunb.

科属:忍冬科　忍冬属

别名:金银花

形态特征:半常绿藤本。幼枝密被黄褐色、开展的硬直糙毛、腺毛和短柔毛,下部常无毛。叶纸质,卵形至矩圆状卵形,有时卵状披针形,小枝上部叶通常两面均密被短糙毛;叶柄密被短柔毛。总花梗通常单生于小枝上部叶腋,苞片大,叶状;花冠白色,有时基部向阳面呈微红,后变黄色,唇形;雄蕊和花柱均高出花冠。果实圆形,熟时蓝黑色,有光

泽。花期4~6月(秋季亦常开花),果熟期10~11月。

利用价值:可入药,也可观赏。

识别特征:半常绿藤本;叶对生,幼枝叶、叶柄被毛;花双生,花冠白色,后变黄色,唇形。

其他：由于花冠先白色后变黄色，故名“金银花”。

资源状况：校园常见。全国各地均有分布。

第三部分

草本植物

CAOBEN ZHIWU

井栏边草 *Pteris multifida* Poir.

科属:凤尾蕨科　凤尾蕨属

别名:凤尾草

形态特征:植株高30~45厘米。根状茎短而直立。叶多数,密而簇生,叶二型;不育叶稍有光泽,光滑;叶片卵状长圆形,一回羽状,羽片通常3对,对生,无柄,线状披针形,下部1~2对常分叉,顶生三叉羽片及上部羽片的基部显著下延,在叶轴两侧形成宽3~5毫米的狭翅;能育叶有较长的柄,羽片4~6对,狭线形,仅不育部分具锯齿,其余均全缘,上部几对的基部下延,在叶轴两侧形成宽3~4毫米的翅。

利用价值:全草入药。可作观赏。

识别特征:叶二型,能育叶有较长的柄;叶片的羽片无柄,线状披针形,上部羽片的基部下延成翅;孢子囊群线形,沿叶缘着生。

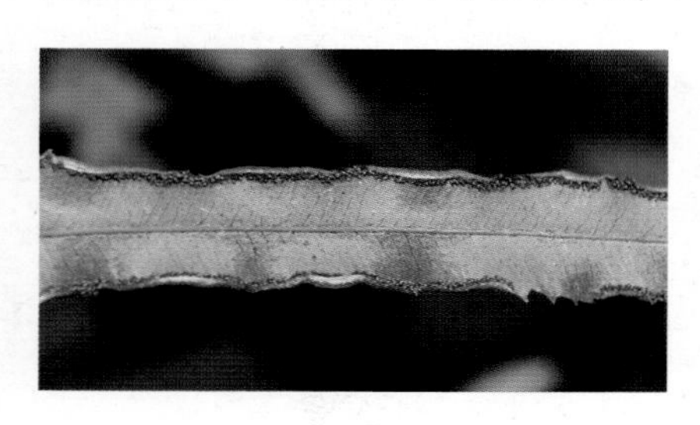

资源状况:校园常见蕨类,生于阴暗潮湿的砖缝中。分布于华北、华东及西南等地。

渐尖毛蕨 *Cyclosorus acuminatus* (Houtt.) Nakai

科属:金星蕨科　毛蕨属

别名:尖羽毛蕨

形态特征:植株高70~80厘米。根状茎长而横走。叶二列远生,长圆状披针形,先端尾状渐尖并羽裂,基部不变狭,二回羽裂;羽片13~18对,有极短柄,互生,或基部的对生;叶脉下面隆起,清晰;叶坚纸质,干后灰绿色,除羽轴下面疏被针状毛外,羽片上面被极短的糙毛。孢子囊群圆形,生于侧脉中部以上,每裂片5~8对;囊群盖大,深棕色或棕色,密生短柔毛,宿存。

利用价值:可供观赏。

识别特征:幼叶蜷卷,有长而横走的根状茎;叶长圆状披针形,二回羽裂,先端尾状渐尖并羽裂;孢子囊群圆形,生于侧脉中部以上。

其他:“acuminatus”意为“渐尖的”,指叶顶端尾状渐尖并羽裂,故名渐尖毛蕨。

资源状况:校园常见,生于阴暗环境,西区三教、东区家属区可见。分布于秦岭至长江以南各地。

莲 *Nelumbo nucifera* Gaertn.

科属：莲科　莲属

别名：莲花、荷花

形态特征：多年生水生草本。根状茎横生，肥厚，节间膨大，内有多数纵行通气孔道，节部缢缩。叶圆形，盾状，直径25~90厘米，全缘稍呈波状，上面光滑，具白粉；叶柄中空，外面生小刺。花直径10~20厘米，美丽，芳香；花瓣红色、粉红色或白色，矩圆状椭圆形至倒卵形，由外向内渐小，花药条形，花丝细长，着生在肉质花托基部外围；花柱极短，柱头顶生；花托（莲房）直径5~10厘米。坚果椭圆形或卵形，果皮革质，熟时黑褐色；种子（莲子）卵形或椭圆形。花期6~8月，果期8~10月。

利用价值：观赏。根状茎（藕）、种子供食用，花托、花等部位作药用。

识别特征：水生草本；叶圆形，盾状；花瓣红色、粉红色或白色；坚果埋于肉质花托内。

其他："nucifera"意为"具有坚果的"。

资源状况：东区眼镜湖、西区生命科学学院旁的湖中有栽培。分布于我国南北各地。

蕺菜 *Houttuynia cordata* Thunb.

科属：三白草科　蕺菜属

别名：鱼腥草、折耳根

形态特征：腥臭草本。叶薄纸质，卵形或阔卵形，基部心形，背面常呈紫红色；托叶膜质，下部与叶柄合生成鞘，且常有缘毛，基部扩大，略抱茎。花序长约2厘米；总苞片白色长圆形或倒卵形。花期4~7月。

利用价值：全株入药。嫩根茎可食，我国西南地区常作蔬菜或调味品。

识别特征：具腥臭味草本，叶阔卵形，基部心形，有膜质托叶鞘；总苞白色而明显。

其他："cordata"意为心形的，指叶基部心形。

资源状况：东区常见。分布于我国中部、东南至西南部各地。

萹蓄 *Polygonum aviculare* L.

科属:蓼科　蓼属

别名:扁竹、竹叶草

形态特征:一年生草本。茎平卧、上升或直立,自基部多分枝。叶椭圆形,狭椭圆形或披针形,顶端钝圆或急尖,基部楔形,叶缘全缘,两面无毛;叶柄短或近无柄;托叶鞘膜质,下部褐色,上部白色,撕裂脉明显。花单生或数朵簇生于叶腋,遍布于植株;花被5深裂,绿色,边缘白色或淡红色;雄蕊8枚,花柱3枚,柱头头状。花期5~7月,果期6~8月。

利用价值:全草供药用。

识别特征:草本;叶椭圆形,无毛,有托叶鞘;花单生或数朵簇生于叶腋,花被5深裂,绿色,边缘白色,雄蕊8枚,花柱3枚。

资源状况:校园常见,生于路边、草坪。分布于我国各地。

形态特征：多年生草本，茎基部匍匐，上部上升。叶片矩圆形、矩圆状倒卵形或倒卵状披针形，全缘，两面无毛或上面有贴生毛及缘毛。花密生，成具总花梗的头状花序，单生在叶腋，球形；苞片及小苞片白色，顶端渐尖，苞片卵形，小苞片披针形；花被片矩圆形，白色，光亮；雄蕊花丝基部连合成杯状，退化雄蕊矩圆状条形。果实未见。花期5~10月。

喜旱莲子草 *Alternanthera philoxeroides* (Mart.) Griseb.

科属：苋科　莲子草属

别名：空心苋、水花生

利用价值：全草入药。可作饲料。

识别特征：叶交互对生，全缘，两面无毛；有总花梗的头状花序单生在叶腋，苞片及小苞片、花被片白色。

其他："alternanthera"指某些种的发育雄蕊和退化雄蕊互生。

资源状况：校园常见，生于湿地、湖边。原产于巴西。我国引种后逸为野生。

齿果酸模 *Rumex dentatus* L.

科属：蓼科　酸模属

形态特征：一年生草本。茎直立，具浅沟槽。茎下部叶长圆形或长椭圆形，基部圆形或近心形，叶缘浅波状，茎生叶较小。花序总状，顶生和腋生，由数个再组成圆锥状花序，轮状排列，花轮间断；外花被片椭圆形，内花被片果时增大，三角状卵形，边缘每侧具2~4个刺状齿，齿长1.5~2毫米。瘦果卵形，具3锐棱。花期5~6月，果期6~7月。

利用价值：根、叶供药用。

识别特征：花序总状，轮状排列，花轮间断，内花被片果时增大，边缘每侧有刺状齿。与长刺酸模的区别：长刺酸模的内花被片针刺数量多为1枚，明显比齿果酸模长。

其他："dentatus"意为"具牙齿的"，指内轮花被片果时边缘有刺齿这一特征。

资源状况：校园常见，生于路边。分布于华北、华东等地。

长刺酸模 *Rumex trisetiferus* Stokes

科属:蓼科　酸模属

形态特征:一年生草本。茎直立,具沟槽,分枝开展。茎下部叶长圆形或披针状长圆形,顶端急尖,基部楔形,边缘波状,茎上部的叶较小;托叶鞘膜质,早落。花序总状,顶生和腋生,具叶,再组成大型圆锥状花序;花两性,多花轮生,上部较紧密,下部稀疏,间断;花被片6枚,2轮,黄绿色,外花被片披针形,较小内花被片果时增大,狭三角状卵形,边缘每侧具1枚针刺,针刺长3~4毫米,直伸或微弯。瘦果椭圆形,具3锐棱,两端尖。花期5~6月,果期6~7月。

利用价值:全草药用。

识别特征:花序总状,轮状排列,花轮间断,内花被片果时增大,边缘每侧具1枚针刺,针刺长3~4毫米。与齿果酸模的区别:齿果酸模内花被片针刺2~4枚,较短。

资源状况:校园常见。分布于东北、华东及西南等地。欧亚及北美也有分布。

紫茉莉 *Mirabilis jalapa* L.

科属:紫茉莉科　紫茉莉属

别名:胭脂花、野丁香、洗澡花

形态特征:一年生草本,高可达1米。茎直立多分枝。叶片卵形或卵状三角形,顶端渐尖,基部截形或心形,全缘。花常数朵簇生枝端;总苞钟形5裂,裂片三角状卵形,果时宿存;花被紫红色、黄色、白色或杂色,高脚碟状,5浅裂;花午后或傍晚开放,有香气,次日午前凋萎;雄蕊5枚。瘦果球形,黑色,表面具皱纹。花期6~10月,果期8~11月。

利用价值:根、叶可供药用。栽培观赏。

识别特征:草本;叶片互生,全缘,花常数朵簇生枝端;总苞宿存,花被紫红色等,高脚碟状;果实黑色。

其他:名为"紫茉莉",其实和真正的茉莉(木犀科)亲缘关系较远。

资源状况:校园有逸生,或栽培于东区家属区。原产于美洲,各地栽培观赏。

垂序商陆 *Phytolacca americana* L.

科属:商陆科　商陆属

别名:洋商陆、美国商陆

形态特征:多年生草本,高1~2米。根粗壮,肥大,倒圆锥形。叶片椭圆状卵形或卵状披针形。总状花序顶生或侧生,长5~20厘米;花白色,微带红晕,直径约6毫米;花被片5枚,雄蕊、心皮及花柱通常均为10枚。果序下垂;浆果扁球形,熟时紫黑色。花期6~8月,果期8~10月。

利用价值:根供药用;种子利尿;叶有解热作用,并治脚气。

识别特征:多年生草本;叶片椭圆状卵形或卵状披针形;总状花序顶生或侧生,下垂;浆果熟时紫黑色。

其他:“phytolacca”指果汁紫黑色,可作颜料;“americana”意为“美洲的”,指原产地。“垂序”即指花序下垂这一特征。

资源状况:校园常见,生于荒地。原产于北美,引入栽培。

阔叶半枝莲 *Portulaca oleracea* L. var. *granatus* Bail.

科属:马齿苋科　马齿苋属

别名:太阳花、马齿牡丹

形态特征:一年生草本,全株无毛。茎平卧或斜倚,伏地铺散。叶互生,有时近对生,叶片扁平,肥厚,倒卵形,似马齿状。花无梗,午时盛开;苞片2~6枚,近轮生;萼片2枚,对生,基部合生;花瓣5枚,黄色,基部合生;雄蕊通常8枚,花药黄色;柱头4~6裂,线形。蒴果卵球形。花期5~8月,果期6~9月。

利用价值:供栽培观赏。

识别特征:叶互生,扁平,肉质;花大,艳丽,雄蕊通常8枚,柱头4~6裂。

其他:午时盛开,花似金色的小太阳,故俗称太阳花。为马齿苋与大花马齿苋的杂交种。因叶片扁平、肥厚,似马齿状,花似牡丹状,故俗名马齿牡丹。

资源状况:校园常见栽培。我国南北各地均有栽培。

球序卷耳 *Cerastium glomeratum* Thuill.

科属:石竹科　卷耳属

别名:猫耳朵草、婆婆指甲

形态特征:一年生草本,高10~20厘米。茎单生或丛生,密被长柔毛。茎下部叶叶片匙形,上部茎生叶叶片倒卵状椭圆形。聚伞花序呈簇生状或呈头状;花序轴密被腺柔毛;花瓣5枚,白色,与萼片近等长或微长,顶端2浅裂,基部被疏柔毛;花柱5枚。蒴果长圆柱形,顶端10齿裂;种子褐色。花期3~4月,果期5~6月。

利用价值:可供观赏。

识别特征:一年生低矮草本;茎、叶密被长柔毛;二歧聚伞花序,花瓣5枚,白色,顶端2浅裂,花柱5枚;蒴果顶端10齿裂。

其他:"glomeratum"意为"团聚的",指聚伞花序呈簇生状或呈头状聚集的样子。

资源状况:校园春季常见野花。全世界几乎都有分布。

蚤缀

Arenaria serpyllifolia L.

科属：石竹科　蚤缀属

别名：鹅不食草、无心菜

形态特征：一年生或二年生草本，高10~30厘米。茎丛生，直立或铺散，密生白色短柔毛。叶片卵形，无柄，茎下部的叶较大，茎上部的叶较小。聚伞花序，具多花；萼片5枚，披针形；花瓣5枚，白色，长为萼片的1/3~1/2，顶端钝圆；雄蕊10枚，花柱3枚，线形。蒴果卵圆形，顶端6裂。花期6~8月，果期8~9月。

利用价值：全草入药。

识别特征：草本；二歧聚伞花序，萼片5枚，花瓣5枚，白色，雄蕊10枚，花柱3枚；蒴果顶端6裂。

资源状况：校园见于路边、旷地。分布于我国各地。

鹅肠菜 *Myosoton aquaticum* Moench.

科属:石竹科　鹅肠菜属

别名:牛繁缕、鹅儿肠

形态特征:二年生或多年生草本,具须根。茎上升,多分枝,上部被腺毛。叶片卵形或宽卵形,宽1~3厘米,顶端急尖,基部稍心形,有时叶缘具毛。顶生二歧聚伞花序;苞片叶状,边缘具腺毛;花瓣白色,2深裂至基部;雄蕊10枚,稍短于花瓣。蒴果卵圆形,稍长于宿存萼。花期5~8月,果期6~9月。

利用价值:可供观赏。全草供药用,幼苗可作野菜和饲料。

识别特征:草本;叶片对生,卵形或宽卵形;顶生二歧聚伞花序,花瓣白色,2深裂至基部,裂片线形,雄蕊10枚,花柱5枚。

其他:本种容易和繁缕混淆,区别是:繁缕花柱3,蒴果6瓣裂;而鹅肠菜花柱5枚,偶有4或6枚,蒴果5瓣裂,每裂瓣又一次齿裂。“aquaticum”意为“水生的”,指多生于阴湿环境。

资源状况:校园春夏季野花,生于路边、阴湿旷地。分布于我国南北各地。广布于东半球的温带和热带地区。

繁缕 *Stellaria media* (L.) Cyr.

科属:石竹科　繁缕属

别名:鹅儿肠菜、鹅肠草

形态特征:一年生或二年生草本。茎俯仰或上升,基部多少分枝,常带淡紫红色,被1 (~2) 列毛。叶片宽卵形或卵形,基生叶具长柄,上部叶常无柄或具短柄。疏聚伞花序顶生;花梗具1列短毛;花瓣白色,比萼片短,深2裂达基部;雄蕊3~5枚,短于花瓣;花柱3枚,线形。蒴果卵形,稍长于宿存萼,顶端6裂;种子卵圆形,红褐色,表面具半球形瘤状凸起。花期6~7月,果期7~8月。

利用价值:茎、叶及种子供药用,嫩苗可食。具观赏价值。

识别特征:一年生低矮草本;茎、花梗一侧有一列短毛,叶无毛;二歧聚伞花序疏松,花瓣5枚,白色,深2裂达基部,雄蕊3~5枚;花柱3枚。蒴果顶端6裂。

其他:"stellaria"指花冠呈放射状,容易被误认为是10枚花瓣,仔细观察便可发现是5枚花瓣,而每枚花瓣深2裂达基部。

资源状况:校园春夏季常见野花。全世界几乎都有分布。

虞美人 *Papaver rhoeas* L.

科属：罂粟科　罂粟属

别名：赛牡丹、锦被花

形态特征：一年生草本，全体被伸展的刚毛。茎直立，被淡黄色刚毛。叶互生，叶片轮廓披针形或狭卵形，羽状分裂，两面被淡黄色刚毛。花单生于茎和分枝顶端；花瓣4枚，紫红色；雄蕊多数，花丝丝状，深紫红色；子房倒卵形。蒴果宽倒卵形。花果期4~7月。

利用价值：花和全株入药，含多种生物碱，有镇咳、止泻、镇痛、镇静等作用。观赏花卉。

识别特征：一年生草本，全体被伸展的刚毛；叶互生，羽状分裂；花单生枝端，花瓣紫红色，雄蕊多数。

资源状况：西区生命科学学院湖边、学生宿舍区、二里河边可见。原产于欧洲。我国各地常见栽培。

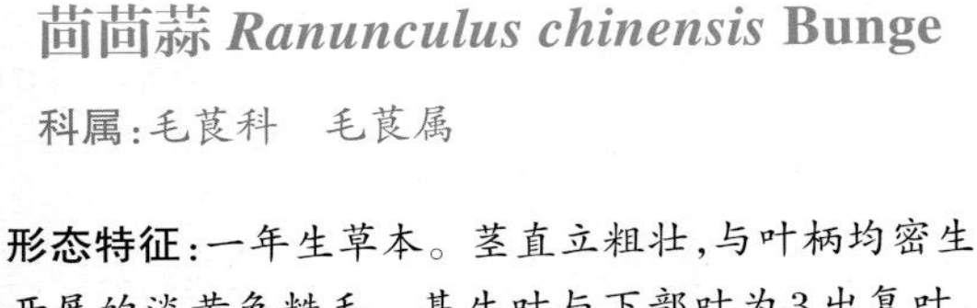

茴茴蒜 *Ranunculus chinensis* Bunge

科属:毛茛科　毛茛属

形态特征:一年生草本。茎直立粗壮,与叶柄均密生开展的淡黄色糙毛。基生叶与下部叶为3出复叶,叶片宽卵形至三角形,上部有不等的粗齿或缺刻或2~3裂;上部叶较小,叶片3全裂,裂片有粗齿或再分裂。花序有较多疏生的花,花梗贴生糙毛;萼片狭卵形;花瓣5枚,宽卵圆形,与萼片近等长或稍长,黄色或上面白色,基部有短爪,蜜腺穴有卵形小鳞片。聚合果长圆形,瘦果扁平,喙极短。花果期4~7月。

利用价值:全草药用。可供观赏。

识别特征:草本;茎与叶柄密生开展的糙毛;叶互生,基生叶与下部叶为3出复叶,上部叶3全裂;花瓣5枚,黄色;聚合果长圆形,瘦果有喙。

资源状况:校园常见,生于草坪或路边。分布于我国广大地区。

刺果毛茛 *Ranunculus muricatus* L.

科属:毛茛科　毛茛属

形态特征:一年生草本。基生叶和茎生叶均有长柄;叶片近圆形,顶端钝,基部截形或稍心形,3中裂至3深裂,裂片宽卵状楔形,边缘有缺刻状浅裂或粗齿,基部有膜质宽鞘。花瓣5枚,黄色,狭倒卵形。聚合果球形,直径达1.5厘米;瘦果扁平,两面各生有一圈10多枚刺,刺直伸或钩曲。花果期4~6月。

利用价值:可观赏野花。

识别特征:一年生草本;叶片近圆形,3中裂至3深裂,裂片宽卵状楔形;聚合果球形,瘦果扁平,两面各生有一圈10多枚刺,刺直伸或钩曲。

其他:"muricatus"指果实两侧粗糙的疣状突起。

资源状况:校园见于西区图书馆前草坪等地。分布于华东、华南等地。

猫爪草 *Ranunculus ternatus* Thunb.

科属:毛茛科　毛茛属

形态特征:一年生草本。簇生多数肉质小块根,块根卵球形或纺锤形,形似猫爪。茎铺散。基生叶有长柄;叶片形状多变,单叶或三出复叶,宽卵形至圆肾形,小叶3浅裂至3深裂或多次细裂,末回裂片倒卵形至线形,无毛;茎生叶无柄,全裂或细裂,裂片线形。花单生茎顶和分枝顶端;萼片、花瓣5~7枚或更多,黄色或后变白色,倒卵形,基部有爪。聚合果近球形,瘦果。花期早,春季3月开花,果期4~7月。

利用价值:有观赏价值。块根药用。

识别特征:一年生草本;有块根;单叶或三出复叶,小叶3浅裂至3深裂;花单生,花瓣5~7枚,黄色。

其他:"ternatus"意为"三出的",指变异较大的叶片的一种形态。纺锤形块根有时形似猫爪,故名猫爪草。

资源状况:校园春季常见于草地、路边。分布于我国长江流域等地。

石龙芮 *Ranunculus sceleratus* L.

科属:毛茛科　毛茛属

形态特征:一年生草本。须根簇生。茎直立,基生叶多数;叶片肾状圆形,基部心形,3深裂不达基部,裂片倒卵状楔形,不等地2~3裂,无毛。聚伞花序有多数花;花瓣5枚,倒卵形,等长或稍长于花萼,花托在果期伸长增大呈圆柱形。聚合果长圆形;瘦果极多数,紧密排列。花果期3~7月。

利用价值:有毒,可入药。野生观赏花卉。

识别特征:一年生草本;叶片肾状圆形,基部心形,3深裂不达基部;花瓣5枚,黄色,雄蕊多数。聚合果长圆形。

其他:"sceleratus"意为"有害的,有毒的"。

资源状况:校园常见于水边、潮湿旷地。我国各地均有分布。

天葵 *Semiaquilegia adoxoides* (DC.) Makino

科属：毛茛科　天葵属

别名：紫背天葵

形态特征：草本。块根外皮棕黑色。基生叶为掌状三出复叶；叶片轮廓卵圆形至肾形，小叶扇状菱形或倒卵状菱形，3深裂，深裂片又有2~3枚小裂片，两面均无毛；茎生叶与基生叶相似，较小；萼片白色，常带淡紫色；花瓣匙形，基部凸起呈囊状；心皮无毛。蓇葖卵状长椭圆形；种子褐色至黑褐色。3~4月开花，4~5月结果。

利用价值：根叫“天葵子”，可入药，有小毒。块根也可作土农药。可供观赏。

识别特征：草本；基生叶为掌状三出复叶，叶片轮廓卵圆形至肾形，小叶扇状菱形，叶背面有时为紫色；萼片白色；蓇葖果。因叶片形状特殊，易识别。

其他：由于叶背面有时为紫色，又名紫背天葵。

资源状况：校园春季常见野花。分布于秦岭至长江流域以南地区。

荠 *Capsella bursa-pastoris* (L.) Medic.

科属：十字花科　荠属

别名：荠菜、菱角菜

形态特征：一年生或二年生草本。无毛、有单毛或分叉毛；茎直立，单一或从下部分枝。基生叶丛生呈莲座状，大头羽状分裂；茎生叶窄披针形或披针形，基部箭形，抱茎，叶缘有缺刻或锯齿。总状花序顶生及腋生；花瓣白色。短角果倒三角形或倒心状三角形，顶端微凹。花果期3~5月。

利用价值：全草入药。茎叶作蔬菜食用。

识别特征：草本；基生叶丛生呈莲座状，大头羽状分裂；茎生叶窄披针形，基部箭形，抱茎；花瓣白色；短角果倒三角形或倒心状三角形。

资源状况：校园春季常见野花。分布几遍全国。

臭荠 *Coronopus didymus* (L.) J. E. Smith

科属:十字花科　臭荠属

别名:臭滨芥

形态特征:一年生或二年生匍匐草本。全体有臭味,基部多分枝,无毛或有长单毛。叶为一回或二回羽状全裂,裂片3~5对,线形或窄长圆形,顶端急尖,基部楔形,全缘,两面无毛;叶柄长5~8毫米。花极小,直径约1毫米,萼片具白色膜质边缘;花瓣白色,或无花瓣;雄蕊常2枚。短角果肾形,2裂,果瓣半球形,表面有粗糙皱纹,成熟时裂成2瓣。花果期4~5月。

利用价值:可供观赏。

识别特征:匍匐草本,全体有臭味;主茎不显明;叶为一回或二回羽状全裂;短角果肾形,2裂。

其他:"didymus"意为"二裂的",指短角果2裂这一特征。

资源状况:校园常见杂草,生于路边。分布于华东等地。

蔊菜 *Rorippa indica* (L.) Hiern

科属:十字花科　蔊菜属

别名:印度蔊菜

形态特征:一年生或二年生直立草本。茎单一或分枝。叶互生,基生叶及茎下部叶具长柄,叶形多变化,常大头羽状分裂,叶缘具不整齐牙齿;茎上部叶片宽披针形或匙形,叶缘具疏齿,具短柄或基部耳状抱茎。总状花序顶生或侧生;萼片4枚;花瓣4枚,黄色,匙形,基部渐狭成短爪,与萼片近等长;雄蕊6枚,2枚稍短。长角果线状圆柱形,短而粗,直立或稍内弯,成熟时果瓣隆起,果梗纤细;种子每室2行。花果期4~6月。

利用价值:全草入药。加工后可食用。

识别特征:草本;叶互生,边缘有不整齐牙齿;总状花序,萼片4枚,花瓣4枚,黄色,雄蕊6枚;长角果线状圆柱形,短而粗。

其他:“indica”意为“印度的”。

资源状况:校园常见生于路边。分布几遍全国。

广东蔊菜 *Rorippa cantoniensis* (Lour.) Ohwi

科属:十字花科　蔊菜属

别名:广州蔊菜

形态特征:一年生或二年生草本。茎直立或呈铺散状分枝。叶片羽状深裂或浅裂,裂片4~6,叶缘具2~3缺刻状齿,顶端裂片较大;茎生叶渐缩小,无柄,倒卵状长圆形或匙形,叶缘常呈不规则齿裂,向上渐小。总状花序顶生,花黄色,近无柄,小花生于叶状苞片腋部;萼片4枚;花瓣4枚,倒卵形,基部渐狭成爪,稍长于萼片;雄蕊6枚,近等长。短角果圆柱形。花期3~4月,果期4~6月。

利用价值:加工后可食用。

识别特征:草本;叶片羽状深裂或浅裂;总状花序顶生,近无柄,每花生于叶状苞片腋部;花冠十字形,黄色,萼片4枚,花瓣4枚,雄蕊6枚;短角果圆柱形。

其他:“cantoniensis”意为“广东的”。

资源状况:校园见于路边。分布于华东、华南等地。

菥蓂 *Thlaspi arvense* L.

科属:十字花科　菥蓂属

别名:遏蓝菜、败酱草

形态特征:一年生草本,无毛。茎直立,不分枝,具棱。基生叶倒卵状长圆形,基部抱茎,两侧箭形,叶缘具疏齿。总状花序顶生;花白色。短角果倒卵形或近圆形,扁平,顶端凹入,边缘有翅。花果期4~6月。

利用价值:全草、嫩苗和种子均入药。嫩苗加工后可食用。也可供观赏。

识别特征:草本;花冠十字形,白色;短角果近圆形,扁平,顶端凹入。

资源状况:校园见于西区二里河畔。分布几遍全国。

葶苈 *Draba nemorosa* L.

科属：十字花科　葶苈属

形态特征：一年生或二年生草本。茎直立，下部密生单毛、叉状毛和星状毛，上部渐稀至无毛。基生叶莲座状，长倒卵形，顶端稍钝，叶缘有疏细齿或近于全缘；茎生叶长卵形或卵形，叶缘有细齿，无柄，上面被单毛和叉状毛。总状花序；花瓣黄色。短角果长圆形或长椭圆形，被短单毛；果梗与果序轴成直角开展或近于直角向上开展；种子椭圆形。花果期3~6月。

利用价值：种子入药。种子含油，可供制皂工业用。也可供观赏。

识别特征：草本；总状花序，花冠十字形，黄色；短角果长圆形或长椭圆形，被短单毛。

资源状况：校园见于西区二里河畔。我国分布较广。

碎米荠 *Cardamine hirsuta* L.

科属：十字花科　碎米荠属

形态特征：一年生小草本。茎直立或斜升，被较密柔毛。基生叶具叶柄，有小叶2~5对，顶生小叶肾形或肾圆形，叶缘有3~5圆齿，小叶柄明显；茎生叶具短柄，有小叶3~6对，生于茎下部的与基生叶相似；全部小叶两面稍有毛。总状花序生于枝顶，花小；萼片绿色或淡紫色；花瓣白色，倒卵形。长角果线形，稍扁，无毛。花果期2~5月。

利用价值：全草可作野菜食用。也供药用，具有观赏价值。

识别特征：茎叶被毛；基生叶羽状复叶；总状花序，花冠十字形，白色；长角果线形。

其他："hirsuta"意为"被粗硬毛的"，指茎叶被毛的特征。

资源状况：校园常见，生于路边、草地、旷地。分布几遍全国。

诸葛菜 *Orychophragmus violaceus* (L.) O. E. Schulz

科属：十字花科　诸葛菜属

别名：二月蓝、二月兰

形态特征：一年生或二年生草本。茎单一。基生叶及下部茎生叶大头羽状全裂，顶裂片近圆形或短卵形，全缘或有牙齿；上部叶长圆形或窄卵形，基部耳状，抱茎，叶缘有不整齐牙齿。花紫色、浅红色或褪成白色；花萼筒状，紫色；花瓣宽倒卵形。长角果线形，具4棱，有喙。花果期2~5月。

利用价值：嫩茎叶可炒食，种子可榨油。极具观赏价值。

识别特征：草本；基生叶及下部茎生叶大头羽状全裂，上部叶基部耳状，抱茎；花瓣、花萼紫色，少见白色；长角果线形，具4棱，有喙。

其他："orychophragmus"指角果的隔膜具孔，"violaceus"意为"紫堇色的"，指花的颜色。校园内另有极少量的毛果诸葛菜，果实被毛，仔细观察即可区别。

资源状况：校园早春常见，西区北门附近、东区眼镜湖西侧较多。分布于华北和华中等地。

羽衣甘蓝 *Brassica oleracea* L. var. *acephala* DC.

科属:十字花科　芸苔属

形态特征:二年生草本,矮且粗壮。叶常皱缩或羽裂,呈白黄、黄绿、粉红或红紫等色,有叶柄。总状花序顶生及腋生;花淡黄色,直径2~2.5厘米;花梗长7~15毫米;萼片直立,线状长圆形,长5~7毫米;花瓣宽椭圆状倒卵形或近圆形,基部有爪。长角果圆柱形,喙圆锥形。花期3~4月,果期3~5月。

利用价值:栽培观赏或作蔬菜。

识别特征:叶皱缩或羽裂,呈白黄、黄绿、粉红或红紫等色,有叶柄;总状花序顶生,花黄色。极易识别。

其他:"oleracea"是指可食用的,油菜、榨菜、卷心菜等都是*B. oleracea*的一些可食用变种。羽衣甘蓝品种极多,有圆叶、皱叶和羽裂等系列;也可分为观赏和食用系列。

资源状况:校园常见栽培。原产于地中海及周边地区。现各地栽培观赏或食用。

垂盆草 *Sedum sarmentosum* Bunge

科属:景天科　景天属

别名:狗牙瓣、石头菜

形态特征:多年生草本。3叶轮生,叶倒披针形至长圆形,先端近急尖,基部狭。聚伞花序,有3~5分枝,花无梗;萼片5枚,披针形至长圆形,先端钝,基部无距;花瓣5枚,黄色,披针形至长圆形;雄蕊10枚,较花瓣短;心皮5枚,有长花柱。花期5~7月,果期8月。

利用价值:全草药用,能清热解毒。也可作观赏植物。

识别特征:草本;3叶轮生,叶肉质;聚伞花序有3~5分枝,花瓣5枚,黄色,披针形,雄蕊10枚。

其他:"sarmentosum"意为"具长匐茎的"。

资源状况:校园常见。我国南北都有分布。

珠芽景天 *Sedum bulbiferum* Makino

科属:景天科　景天属

形态特征:多年生草本。根须状。茎下部常横卧。叶腋常有圆球形、肉质珠芽着生;基部叶常对生,上部的互生,下部叶卵状匙形,上部叶匙状倒披针形,先端钝,基部渐狭。花序聚伞状,分枝3,常再二歧分枝;萼片5枚,花瓣5枚,黄色,披针形;雄蕊10枚,心皮5枚,基部合生。花期4~5月。

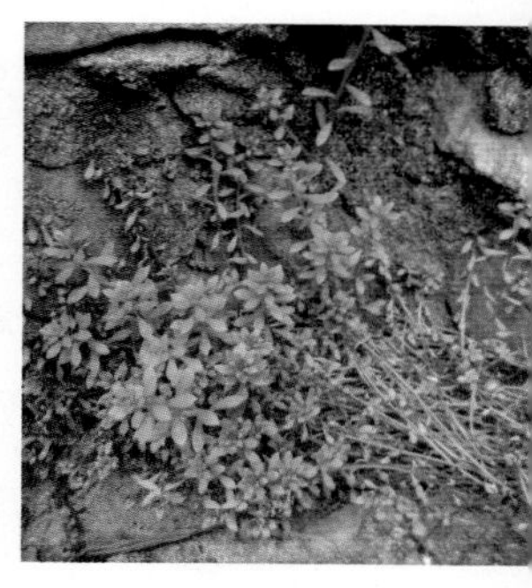

利用价值:多肉观赏植物。全草药用,清热解毒。

识别特征:草本;基部叶常对生,上部的互生,肉质,叶腋常有圆球形、肉质、小珠芽着生。

其他:"bulbiferum"意为"珠芽的",指叶腋常有珠芽这一特征。

资源状况:校园少见生于湿地、水边。分布于广西、我国长江流域以南等地。

虎耳草 *Saxifraga stolonifera* Meerb.

科属:虎耳草科　虎耳草属

别名:石荷叶、耳朵草

形态特征:多年生草本。基生叶具长柄,叶片近心形、肾形至扁圆形,浅裂,裂片边缘具不规则齿和腺睫毛,被腺毛。聚伞花序圆锥状,具2~5花;花瓣5枚,其中3枚短,另2枚较长,白色,中上部具紫红色斑点;雄蕊10枚,花柱2枚,叉开。花果期5~8月。

利用价值:全草入药,有小毒,祛风清热,凉血解毒。也可供栽培观赏。

识别特征:叶片心形、肾形至扁圆形,浅裂,被腺毛。花瓣5枚,3短2长,易识别。

资源状况:东区眼镜湖南岸草地有栽培。分布于我国大部分地区。

翻白草 *Potentilla discolor* Bunge

科属:蔷薇科　委陵菜属

别名:鸡腿根、翻白委陵菜、叶下白

形态特征:多年生草本。奇数羽状复叶,小叶对生或互生,下面密被白色或灰白色绵毛。聚伞花序有花数朵至多朵,疏散;花直径1~2厘米;萼片三角状卵形,副萼片披针形,比萼片短,外面被白色绵毛;花瓣黄色,倒卵形,顶端微凹或圆钝,比萼片长。瘦果近肾形。花果期5~9月。

利用价值:全草入药。块根含丰富淀粉,嫩苗可食。

识别特征:多年生草本;基生叶有小叶2~4对,下面密被白色或灰白色绵毛,有托叶;聚伞花序,花瓣5枚,黄色。

其他:"discolor"意为不同色的,指叶片正反两面颜色截然不同,背面密被白色绵毛,故名翻白草。

资源状况:校园多见于草坪上。分布于我国大部分地区。

蛇含委陵菜 *Potentilla kleiniana* Wight et Arn.

科属:蔷薇科　委陵菜属

别名:蛇含、五爪龙

形态特征:宿根草本。花上升或匍匐。基生叶是5枚小叶,几无柄,盾状排列总叶柄顶端,小叶片倒卵形或长圆倒卵形,顶端圆钝,基部楔形,边缘有多数急尖或圆钝锯齿;上部茎生叶有3小叶,叶柄较短。聚伞花序密集于枝顶如假伞形;副萼片比萼片短,果时略长或近等长;花瓣黄色,倒卵形,顶端微凹,长于萼片。瘦果近圆形。花果期4~9月。

利用价值:全草供药用,有清热、解毒之效,捣烂外敷治疮毒、痈肿及蛇虫咬伤。

识别特征:基生叶为近于鸟足状5小叶,有托叶;聚伞花序,花瓣5枚,黄色。

资源状况:校园多见于草坪上。分布于我国大部分地区。

朝天委陵菜 *Potentilla supina* L.

科属:蔷薇科　委陵菜属

别名:仰卧委陵菜

形态特征:一年生或二年生草本。主根细长,并有稀疏侧根。茎平展,上升或直立。基生叶羽状复叶,有小叶2~5对,小叶互生或对生,无柄,最上面1~2对小叶基部下延与叶轴合生;茎生叶与基生叶相似。花序轴上多叶,下部花自叶腋生,顶端呈伞房状聚伞花序;花瓣黄色,倒卵形,顶端微凹,与萼片近等长或较短。瘦果长圆形。花果期3~10月。

利用价值:可供观赏。

识别特征:草本;基生叶羽状复叶,有小叶2~5对,小叶互生或对生,无柄;花瓣5枚,黄色。

其他:"supina"意为"仰卧的",指植物整体的姿态。

资源状况:校园草地上春季常见。广布于北半球温带及部分亚热带地区。

蛇莓 *Duchesnea indica* (Andr.) Focke

科属:蔷薇科　蛇莓属

别名:蛇泡草、龙吐珠、三爪风

形态特征:匍匐多年生草本。三出复叶;小叶片倒卵形至菱状长圆形,叶缘有钝锯齿。花单生于叶腋;副萼片倒卵形,比萼片长,先端常具3~5枚锯齿;花瓣黄色,先端圆钝;雄蕊20~30枚;心皮多数,离生;花托果期膨大,鲜红色,有光泽。瘦果卵形。花期6~8月,果期8~10月。

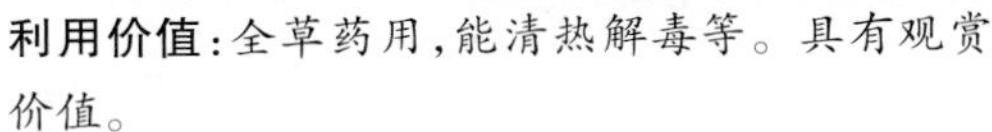

利用价值:全草药用,能清热解毒等。具有观赏价值。

识别特征:匍匐草本;三出复叶,叶缘有钝锯齿;副萼片比萼片长,先端具3~5枚锯齿;花托果期红色,肉质。易识别。

其他:蛇莓属与委陵菜属的明显区别是齿状副萼片3裂,比萼片长,果托肉质。

资源状况:校园常见。分布于辽宁以南各地。

白车轴草 *Trifolium repens* L.

科属:豆科　车轴草属

别名:白三叶、三叶草

形态特征:多年生草本。茎匍匐蔓生,全株无毛。掌状三出复叶;有托叶,叶柄较长,小叶倒卵形至近圆形,先端凹头至钝圆,基部楔形渐窄至小叶柄,小叶柄长1.5毫米。花序球形,顶生;总花梗甚长,比叶柄长近1倍,具花20~50 (~80)朵,密集;萼齿5枚,披针形;花冠白色、乳黄色或淡红色,具香气。荚果长圆形。花果期5~10月。

利用价值:为优质牧草。可作草坪装饰,也可供观赏。

识别特征:茎匍匐蔓生;掌状三出复叶,小叶倒卵形至近圆形;花序球形,顶生,总花梗长,花冠白色。易识别。

其他:"trifolium"意为"三叶的",指掌状三出复叶这一特征;"repens"意为"匍匐的",指茎匍匐蔓生这一特征。有时可见到部分变异的叶片有4枚小叶,被人们当作"幸运四叶草"。

资源状况:校园常见植物,常成片生于草坪。世界各地均有栽培。

红车轴草 *Trifolium pratense* L.

科属:豆科　车轴草属

别名:红三叶

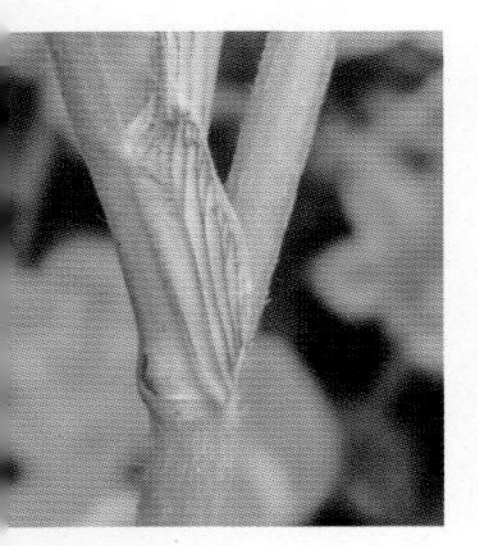

形态特征:短期多年生草本。茎粗壮,直立或平卧上升。掌状三出复叶;托叶近卵形,膜质,基部抱茎,叶柄较长;茎上部的叶柄短,小叶卵状椭圆形至倒卵形,先端钝,有时微凹,基部阔楔形,叶面上常有"V"字形白斑。花序球状或卵状,顶生;无总花梗或具甚短总花梗,包于顶生叶的托叶内,托叶扩展成焰苞状;花冠紫红色至淡红色。荚果卵形。花果期5~9月。

利用价值:可供观赏。花序可入药。

识别特征:草本;茎直立;掌状三出复叶,茎上部的叶柄短,叶面上常有"V"字形白斑;花序球状或卵状,顶生,无总花梗,花冠淡红色。

其他:和白车轴草的区别:白车轴草茎匍匐;花序总梗极长,花白色。

资源状况:校园常见,混杂于白车轴草中。我国各地均有种植。

小巢菜 *Vicia hirsuta* (L.) S. F. Gray

科属：豆科　野豌豆属

别名：雀野豆

形态特征：一年生草本。茎细柔有棱，近无毛。偶数羽状复叶，末端卷须分枝；托叶线形，基部有2~3裂齿。总状花序明显短于叶；花2~4(~7)朵密集于花序轴顶端，花甚小，长0.3~0.5厘米；花冠白色、淡蓝青色或紫白色。荚果长圆菱形；种子2粒，扁圆形。花果期3~5月。

利用价值：本种为绿肥及饲料，全草入药。具有观赏价值。

识别特征：一年生草本；偶数羽状复叶，末端卷须分枝；总状花序有花2~4朵，花小；种子1~2粒。相似种为四籽野豌豆，区别是：四籽野豌豆种子3~6粒，多为4粒，叶轴顶端卷须单一或二叉。

资源状况：校园常见的野生草本。分布于华东、华中等地。

救荒野豌豆 *Vicia sativa* L.

科属:豆科　野豌豆属

别名:大巢菜、野豌豆

形态特征:一年生或二年生草本。偶数羽状复叶,叶轴顶端卷须有2~3分枝;托叶戟形,常2~4裂齿。花1~2(~4)朵腋生,近无梗;萼钟形;花冠紫红色或红色,旗瓣长倒卵圆形,先端圆,微凹;子房线形,微被柔毛。荚果线状长圆形,有毛,成熟时背腹开裂,果瓣扭曲。花果期4~6月。

利用价值:为绿肥及优良牧草。全草药用,种子有毒。具有观赏价值。

识别特征:草本;叶互生,偶数羽状复叶,叶轴顶端有卷须,托叶戟形;花1~2(~4)朵腋生,近无梗。

资源状况:校园常见的野生草本。分布全国各地。

四籽野豌豆 *Vicia tetrasperma* (L.) Moench

科属:豆科　野豌豆属

别名:野苕子

形态特征:一年生缠绕草本。茎纤细柔软有棱。偶数羽状复叶,顶端为卷须,托叶箭头形或半三角形;小叶2~6对,长圆形或线形。总状花序长约3厘米,花1~2朵着生于花序轴先端,花甚小,仅长约0.3厘米;花冠淡蓝色或带蓝、紫白色,子房长圆形,胚珠4枚,花柱上部四周被毛。荚果长圆形;种子4粒,扁圆形。花果期3~6月。

利用价值:为优良牧草,嫩叶可食。全草药用。具有观赏价值。

识别特征:一年生缠绕草本;偶数羽状复叶,顶端为卷须;总状花序,花1~2朵着生于花序轴先端,花冠淡蓝色或带蓝、紫白色;种子3~6粒,多为4粒。

其他:“tetrasperma”意为“四种子的”,指荚果内常有4粒种子这一特征。

资源状况:校园常见的野生草本。分布于华东、华中及西南等地。

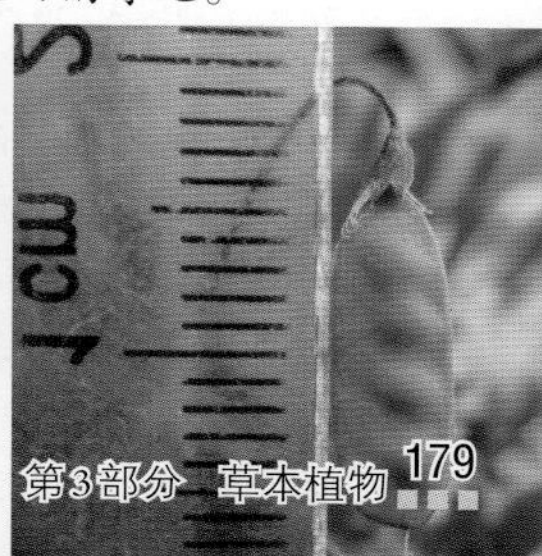

长柔毛野豌豆 *Vicia villosa* Roth.

科属:豆科　野豌豆属

别名:柔毛苕子

形态特征:一年生草本。攀援或蔓生,全株被长柔毛。偶数羽状复叶,叶轴顶端卷须有2~3分枝;托叶披针形或2深裂,呈半边箭头形;小叶常5~10对。总状花序腋生,与叶近等长或略长于叶,10~20朵小花紧密排于花序轴上部的一侧;花萼斜钟形;花冠紫色、淡紫色或紫蓝色,旗瓣长圆形,先端微凹。荚果长圆状菱形,先端具喙。花果期4~10月。

利用价值:为优良牧草及绿肥作物。具有观赏价值。

识别特征:一年生草本,被长柔毛;偶数羽状复叶,叶轴顶端有卷须;总状花序腋生,小花单面着生,花冠紫色。

其他:“villosa”意为“长柔毛的”,指植株被长柔毛这一特征。

资源状况:校园常见的野生草本。分布于南北各地,偶有栽培。

小苜蓿 *Medicago minima* (L.) L.

科属:豆科　苜蓿属

形态特征:一年生草本,全株被伸展柔毛。茎基部多分枝。羽状三出复叶;托叶卵形,全缘或不明显浅齿;小叶倒卵形,叶缘上部具锯齿,两面均被毛。花序头状,具花3~6(~8)朵,疏松,腋生;萼钟形,密被柔毛;花冠淡黄色,旗瓣阔卵形。荚果球形,旋转3~5圈,被长棘刺,尖端钩状;每圈有种子1~2粒。花期3~4月,果期4~5月。

利用价值:可作为饲料、牧草、绿肥。

识别特征:平卧草本;羽状三出复叶,有托叶;花序头状伞形,总花梗腋生,蝶形花;荚果有棘刺,盘形旋转。

其他:“minima”意为“小的”。

资源状况:校园常见,混杂于南苜蓿中。分布于黄河流域及长江以北各地。

南苜蓿 *Medicago polymorpha* L.

科属:豆科　苜蓿属

别名:黄花草子、金花菜

形态特征:一、二年生草本。茎近四棱形。羽状三出复叶;托叶大,基部耳状,边缘具不整齐条裂,成丝状细条或深齿状缺刻;小叶倒卵形或三角状倒卵形,几乎等大,上面无毛。花序头状伞形,具花2~10朵;总花梗腋生,无毛;花冠黄色,旗瓣倒卵形,先端凹缺,基部阔楔形,比翼瓣和龙骨瓣长。荚果盘形,暗绿褐色,顺时针方向紧旋1.5~2.5圈,每圈具棘刺或瘤突15枚。花期3~5月,果期5~6月。

利用价值:可作为饲料、牧草、绿肥。嫩叶可食用。

识别特征:平卧草本;羽状三出复叶,有托叶;花序头状伞形,总花梗腋生,蝶形花;荚果有棘刺,盘形旋转。

其他:"polymorpha"意为"多型的",指本种在不同地区变异较大。

资源状况:校园常见。分布于长江流域以南各地。

形态特征:一、二年生或多年生草本,全株被柔毛或有腺毛。茎多分枝。羽状三出复叶;托叶卵状披针形,基部圆或戟状,常齿裂;小叶倒卵形、阔倒卵形或倒心形,先端截平或微凹,顶生小叶较大。花序头状,具花10~20朵;总花梗细,挺直,比叶长,密被贴伏柔毛;花冠黄色。荚果肾形,表面具同心弧形脉纹,熟时变黑;有种子1粒。花期7~9月,果期8~10月。

天蓝苜蓿

Medicago lupulina L.

科属:豆科　苜蓿属

别名:苜蓿

利用价值:可作为饲料、牧草、绿肥。

识别特征:平卧草本;羽状三出复叶,有托叶;花序头状伞形,总花梗腋生,蝶形花;荚果肾形,表面具同心弧形脉纹。

其他:校内相似种有南苜蓿和小苜蓿,简单区别如下:天蓝苜蓿荚果肾形,无刺,小花个数较多,全株被柔毛;南苜蓿荚果有棘刺,盘形旋转,小花个数少,几乎无毛,托叶边缘不条裂,几乎无毛;小苜蓿荚果有棘刺,盘形旋转,茎叶两面被毛,托叶浅裂或近全缘。

资源状况:校园常见,混杂于南苜蓿中。分布于我国南北各地。

米口袋 *Gueldenstaedtia multiflora* Bunge

科属：豆科　米口袋属

别名：米布袋、紫花地丁

形态特征：多年生草本。主根圆锥状。叶及总花梗丛生于根颈上。早生叶被长柔毛，后生叶毛稀疏，小叶7~21枚。2~6朵小花簇生总花梗顶端呈伞形状；总花梗具沟，被长柔毛；花冠紫堇色。荚果圆筒状，被长柔毛。花期3~4月，果期5~6月。

利用价值：在我国东北、华北，全草作为紫花地丁入药。

识别特征：具根颈草本；奇数羽状复叶着生于缩短的分茎上而呈莲座丛状，叶有绒毛；伞形花序直立，花冠紫堇色；荚果圆筒状。

其他：西区偶见米口袋的变型——白花米口袋，花白色，其余同米口袋。

资源状况：西区有野生。分布于东北、华北、华东，以及陕西中南部、甘肃等地区。

形态特征:草本,全株被柔毛。叶基生或茎上互生;托叶小,基部与叶柄合生。小叶3枚,无柄,倒心形,先端凹入,基部宽楔形,两面被柔毛或表面无毛,呈盾状排列于细长总叶柄顶端。花单生或数朵集为伞形花序状;小苞片2枚,披针形;萼片5枚;花瓣5枚,黄色;雄蕊10枚;子房长圆形,5室,花柱5枚。蒴果长圆柱形。花果期4~8月。

酢浆草 *Oxalis corniculata* L.

科属:酢浆草科　酢浆草属

别名:酸味草、酸醋酱

利用价值:全草入药。茎叶含草酸,可用以磨镜或擦铜器。野生观赏花卉。

识别特征:叶基生或茎上互生,小叶3枚,无柄,倒心形,两面被柔毛;花瓣5枚,黄色;雄蕊10枚。易识别。

其他:"oxalis"指叶中含有的草酸,小叶有酸味,俗称酸味草,"酢"发音同"醋";小叶3枚,又俗称三叶草。

资源状况:校园常见的野生草本。全国广布。

红花酢浆草 *Oxalis corymbosa* DC.

科属:酢浆草科　酢浆草属

别名:紫花酢浆草、铜锤草、三叶草

形态特征:多年生草本。无地上茎,地下部分有球状鳞茎。叶基生,小叶3枚,扁圆状倒心形,顶端凹入,两侧角圆形,基部宽楔形,表面绿色,呈盾状排列于细长总叶柄顶端。总花梗基生,二歧聚伞花序,通常排列成伞形花序式;花瓣5枚,倒心形,淡紫色至紫红色,基部颜色较深;雄蕊10枚。花果期5~11月。

利用价值:全草入药,治跌打损伤。供园林观赏。

识别特征:多年生草本;无地上茎;叶基生,小叶3枚,扁圆状倒心形。伞形花序式二歧聚伞花序,花瓣5,淡紫色至紫红色。易和酢浆草区分。

其他:“corymbosa”意为“伞房花序状的”,指花序形状。偶尔可以见到白花个体。少数叶片变异为4枚小叶,被人们视为“幸运草”。

资源状况:校园常见栽培。我国南方各地已逸为野生。

三角叶酢浆草 *Oxalis triangularis* A. St. -Hil.

科属:酢浆草科　酢浆草属

别名:紫叶酢浆草

形态特征:多年生宿根草本。叶为三出盾状复叶,簇生,小叶呈三角形,着生于总叶柄顶端,总叶柄长15～31厘米;叶片紫色。伞形花序,5~8朵生于花茎顶端,浅粉色,花瓣5枚,倒卵形,微向外反卷;花丝基部合生成筒状。蒴果近圆柱状,5棱。花果期5~10月。

利用价值:观赏植物。

识别特征:多年生宿根草本;盾状三出复叶,小叶3枚,紫色。极易识别。

其他:"triangularis"意为"三角的",指小叶的形状。由于叶片紫色,又名紫叶酢浆草。

资源状况:东区和西区均有栽培。原产于南美洲。各地栽培观赏。

野老鹳草 *Geranium carolinianum* L.

科属:牻牛儿苗科　老鹳草属

形态特征:一年生草本。高20~60厘米,茎密被倒向短柔毛。基生叶早枯,茎生叶互生或最上部对生;托叶披针形或三角状披针形;叶片圆肾形,基部心形,掌状5~7裂近基部,裂片楔状倒卵形或菱形,下部楔形、全缘,上部羽状深裂,小裂片条状矩圆形。花序腋生和顶生,每总花梗具2朵小花,顶生总花梗常数枚集生,花序呈伞形状;花瓣淡紫红色,雌蕊稍长于雄蕊,密被糙柔毛。蒴果,果瓣由喙上部先裂向下卷曲。花期4~7月,果期5~9月。

利用价值:全草入药。观赏野花。

识别特征:草本;叶片圆肾形,基部心形,掌状5~7裂近基部,裂片再裂,有托叶;果瓣有长喙。

其他:由于该属植物蒴果果瓣有长喙,似鹳的喙,故名老鹳草属。

资源状况:校园常见于路边、草地。原产于美洲。我国各地为逸生。

泽漆 *Euphorbia helioscopia* L.

科属:大戟科　大戟属

别名:五朵云、五灯草

形态特征:一年生草本。茎直立,单一或自基部多分枝,分枝斜展向上。叶互生,倒卵形或匙形,先端具牙齿,中部以下渐狭或呈楔形。花序单生,有柄或近无柄;总苞叶5枚,倒卵状长圆形,无柄;总伞幅5枚;腺体4枚,盘状,中部内凹;雄花数枚,明显伸出总苞外;雌花1枚,子房柄略伸出总苞边缘。蒴果三棱状阔圆形,成熟时裂为3枚分果爿。花果期3~7月。

利用价值:全草入药。具有观赏价值。

识别特征:一年生草本,有乳汁;叶互生,倒卵形或匙形,无柄,先端具牙齿;杯状聚伞花序总伞幅5枚,腺体4枚,盘状。

其他:由于独特的杯状聚伞花序有5枚分枝,形似五朵云,故得此俗名。"helioscopia"意为"向日性的"。

资源状况:校园常见,生于草地。广布于全国。

斑地锦 *Euphorbia maculata* L.

科属:大戟科　大戟属

形态特征:一年生草本。叶对生,长椭圆形至肾状长圆形,基部偏斜,不对称,中部以上常具细小疏锯齿;叶面绿色,中部常具有一个长圆形的紫色斑点,两面无毛;叶柄极短。花序单生于叶腋;腺体4枚,黄绿色;雄花4~5枚,雌花1枚,子房柄伸出总苞外;柱头2裂。蒴果三角状卵形。花果期4~9月。

利用价值:可供观赏。

识别特征:一年生草本;叶对生,有乳汁,基部不对称,叶面有紫色斑点。

资源状况:校园常见。原产于北美,归化于欧亚大陆。我国各地常见。

科属：大戟科　大戟属

别名：猫眼草、乳浆草

形态特征：多年生草本。茎单生或丛生，单生时自基部多分枝。叶线形至卵形，变化极不稳定。总苞叶3~5枚，与茎生叶同形；伞幅3~5，苞叶2枚，常为肾形，少为卵形或三角状卵形；腺体4枚，新月形，两端具角，角长而尖或短而钝，变异幅度较大；雄花多枚，苞片宽线形，无毛；雌花1枚；花柱3枚，柱头2裂。蒴果三棱状球形。花果期4~7月。

利用价值：供观赏。

识别特征：草本，有乳汁；叶互生；杯状聚伞花序，伞幅3~5枚，苞叶2枚，常为肾形，腺体4枚，新月形，两端具角。

其他：由于2枚苞叶肾形，合起来看几乎是圆形，加上中间的缝隙，看上去似猫眼，故俗名猫眼草。大戟属校内常见有泽漆，而乳浆大戟的苞叶圆肾形，易与泽漆区分。

资源状况：校园常见，生于草地、草坪。分布于全国。

蓖麻 *Ricinus communis* L.

科属:大戟科　蓖麻属

形态特征:一年生粗壮草本或草质灌木,高达5米。叶轮廓近圆形,掌状7~11裂,裂缺几达中部,裂片卵状长圆形或披针形,叶缘具锯齿。总状花序或圆锥花序;雄花雄蕊多数,花丝多分枝;雌花萼片卵状披针形;子房卵状,密生软刺或无刺;花柱红色,顶部2裂,密生乳头状突起。蒴果卵球形或近球形。花期6~11月。

利用价值:可提取蓖麻油。种子有毒,误食会导致中毒死亡。

识别特征:粗壮草本;叶互生,盾状着生,掌状7~11裂,裂缺几达中部;总状花序或圆锥花序,雄花在下雌花在上。

其他:"communis"指常见的,广布于全世界热带地区,或栽培于热带至温带各地。

资源状况:校园可见野生。全国各地栽培或逸为野生。

铁苋菜 *Acalypha australis* L.

科属:大戟科　铁苋菜属

别名:海蚌含珠

形态特征:一年生草本。叶膜质,长卵形、近菱状卵形或阔披针形,顶端短渐尖,基部楔形,叶缘具圆锯齿,基出脉3条。雌雄花同序,花序腋生,稀顶生;雌花苞片1~2枚,卵状心形,花后增大,苞腋具雌花1~3朵,雌花花柱3枚;花梗无;雄花生于花序上部,排列呈穗状或头状,苞腋具雄花5~7朵,簇生。蒴果具3枚分果爿。花果期6~11月。

利用价值:可供观赏。

识别特征:草本;叶膜质,长卵形、近菱状卵形等,变化较大;雌雄花同序,雌花苞片卵状心形,雌花无梗,雄花生于花序上部,排列呈穗状。易识别。

其他:雌花苞片和子房似海蚌和其中所含的珍珠,故俗称海蚌含珠。

资源状况:校园常见,生于路边、草地。分布几遍全国。

形态特征:一年生亚灌木状草本。叶互生,圆心形,叶缘具细圆锯齿,两面均密被星状柔毛;托叶早落。花单生于叶腋;花萼杯状,密被短绒毛,裂片5枚;花瓣倒卵形,黄色;心皮排列成轮状,密被软毛。蒴果半球形,分果爿15~20枚,被粗毛。花期7~8月。

利用价值:全草作药用。茎皮纤维可作纺织材料。

苘麻 *Abutilon theophrasti* Medic.

科属:锦葵科　苘麻属

别名:磨盘草、车轮草

识别特征:一年生亚灌木状草本;叶互生,圆心形,叶边缘具细圆锯齿,两面均密被星状柔毛;花黄色,有合生雄蕊柱;蒴果果爿15~20枚。

其他:果实形似磨盘或车轮,故俗名磨盘草、车轮草。

资源状况:常见于校园荒地。我国除青藏高原外,其他各地均有分布。

百蕊草 *Thesium chinense* Turcz.

科属:檀香科　百蕊草属

别名:积药草、草檀

形态特征:多年生柔弱草本,全株多少被白粉,无毛。叶线形。花单生叶腋,5基数;苞片1枚,小苞片2枚,线形;花被绿白色,长2.5~3毫米,花被管呈管状,裂片顶端锐尖,外展,内面的微毛不明显;雄蕊不外伸;子房无柄;花柱很短。坚果椭圆状或近球形,淡绿色,表面有明显、隆起的网脉,顶端的宿存花被近球形。花期4~5月,果期6~7月。

利用价值:可入药。

识别特征:多年生柔弱草本,全株多少被白粉;叶线形;花5基数,腋生;苞片1枚,小苞片2枚,花被绿白色。

其他:"chinense"意为"中国的"。

资源状况:校园可见,生于西区草地、路边、荒地。我国大部分地区均有分布。

科属:堇菜科　堇菜属

别名:白花堇菜

形态特征:多年生草本,无地上茎。叶常3~5枚或较多,均基生;叶片较薄,长圆形、椭圆形、狭卵形或长圆状披针形,先端圆钝,基部截形,微心形或宽楔形,下延于叶柄,疏生波状浅圆齿或近全缘,无毛;托叶约2/3与叶柄合生,边缘疏生细齿或全缘。花白色,带淡紫色脉纹;花梗在中部以下有2枚线形小苞片;萼片5枚,卵状披针形或披针形,两侧花瓣内面有细须毛,下方花瓣有距,距短而粗。蒴果。花果期5~9月。

利用价值:全草供药用。极具观赏价值。

识别特征:草本,无地上茎;叶基部下延,叶缘有浅圆齿,有托叶;花白色,花瓣5枚,下方花瓣有距;蒴果。

资源状况:校园早春可见。分布于东北、华北、华东等地。

紫花地丁 *Viola philippica* Cav.

科属:堇菜科　堇菜属

别名:野堇菜

形态特征:多年生草本,无地上茎。叶基生,莲座状,呈长圆形、狭卵状披针形或长圆状卵形,基部截形或楔形,稀微心形,叶缘具较平的圆齿;托叶膜质,苍白色或淡绿色。花中等大,紫堇色或淡紫色,下方花瓣内面有紫色脉纹,距细管状。蒴果长圆形。花果期4月中下旬至9月。

利用价值:全草供药用。嫩叶加工后可作野菜。可作早春观赏花卉。

识别特征:草本,无地上茎;叶基生,有托叶,长圆形、狭卵状披针形,叶缘有圆齿;花紫色,左右对称,下方花瓣有距。

资源状况:校园常见,为早春的野花。分布我国黄淮流域以北等地。

天胡荽 *Hydrocotyle sibthorpioides* Lam.

科属：伞形科　天胡荽属

形态特征：多年生草本，有气味。匍匐茎细长，节上生根。叶片膜质至草质，圆形或肾圆形，基部心形，不分裂或5~7裂，叶缘有钝齿，表面光滑，背面脉上疏被粗伏毛，托叶略呈半圆形。伞形花序与叶对生，单生于节上；花序梗纤细，小伞形花序有花5~18朵，花无柄或有极短的柄；花瓣绿白色，有腺点。果实略呈心形，两侧扁压。花果期4~9月。

利用价值：全草入药。

识别特征：有气味草本；茎匍匐，节上生根；叶片肾圆形，基部心形；伞形花序与叶对生。

其他："hydrocotyle"指常生于水边。

资源状况：校园常见，成片生于草地、水边。分布于华东、华中和西南等地。

细叶旱芹 *Apium leptophyllum* F. Muell.

科属:伞形科　芹属

形态特征:一年生草本。基生叶有柄,基部扩大成膜质叶鞘;叶片轮廓呈长圆形至长圆状卵形,三至四回羽状多裂,裂片线形至丝状;茎生叶常三出式羽状多裂,裂片线形。复伞形花序顶生或腋生,无总苞片和小总苞片;伞辐2~3(~5)枚;花瓣白色、绿白色或略带粉红色。果实圆心脏形,分果具棱5条。花期5月,果期6~7月。

利用价值:可供观赏。

识别特征:草本;叶三至四回羽状多裂,裂片线形至丝状,叶柄基部有鞘;复伞形花序顶生或腋生,花瓣白色;双悬果,果棱5条。

资源状况:校园常见,生于西区草地、路边。分布于华东和华南等地。

形态特征:一年生或二年生草本。叶全部基生,叶片近圆形或卵圆形,先端钝圆,基部浅心形至近圆形,叶缘具三角状钝牙齿;叶柄长1~4厘米。花葶常数枚自叶丛中抽出;伞形花序具4~15朵小花;苞片卵形至披针形;花萼杯状;花冠白色,筒部短于花萼,喉部黄色,裂片倒卵状长圆形。蒴果近球形。花期2~4月,果期5~6月。

利用价值:全草入药。具有观赏价值。

点地梅 *Androsace umbellata* (Lour.) Merr.

科属:报春花科　点地梅属

别名:喉咙草、天星花

识别特征:草本;基生叶近圆形,叶缘具三角状钝牙齿;伞形花序,花白色,喉部黄色。易识别。

其他:“umbellata”意为“伞形花序的”。由于植株矮小,花冠5裂,像点缀在地上的梅花,故名“点地梅”。

资源状况:校园早春的野花,见于西区二里河畔、北门附近草地、东区图书馆南侧草地。分布于东北、华北和秦岭以南等地。

泽珍珠菜 *Lysimachia candida* Lindl.

科属:报春花科　珍珠菜属

别名:白水花

形态特征:一年生或二年生草本,全体无毛。基生叶匙形或倒披针形,茎生叶互生,稀对生,叶片倒卵形、倒披针形或线形,近无柄。总状花序顶生,花密集而呈阔圆锥形,其后渐伸长;花梗长约为苞片2倍;花冠白色;雄蕊稍短于花冠,花丝贴生至花冠的中下部。蒴果球形。花期3~6月,果期4~7月。

利用价值:全草入药。野生观赏花卉。

识别特征:一年生或二年生草本;叶互生,稀对生,叶片倒卵形、倒披针形或线形;总状花序顶生,花梗较长,花白色;蒴果球形。

其他:“candida”意为“白色的”,指花白色。

资源状况:校园可见于草坪、潮湿旷地。分布于华北及长江以南等地。

多苞斑种草 *Bothriospermum secundum* Maxim.

科属:紫草科　斑种草属

形态特征:一年生或二年生草本。茎被向上开展的硬毛及伏毛。基生叶具柄,倒卵状长圆形;茎生叶长圆形或卵状披针形,无柄,两面均被基部具基盘的硬毛及短硬毛。花序顶生,长10~20厘米,小花与苞片相间排列,并偏向于一侧;花梗果期下垂;花萼外面密生硬毛,裂至基部;花冠蓝色至淡蓝色,长3~4毫米,喉部附属物梯形,先端微凹。小坚果4枚,卵状椭圆形,密生疣状突起,腹面有纵椭圆形的环状凹陷。花期5~7月。

利用价值:极具观赏价值。

识别特征:草本;茎被直立开展的硬毛;单叶互生,花与苞片相间排列,偏于一侧,花蓝色,5裂,喉部附属物梯形,萼5裂至基部;小坚果4枚。

其他:“secundum”意为“偏向一侧的”,指花与苞片各偏向一侧的特点。

资源状况:校园可见于草坪、荒地。分布于华北、华东及西南等地。

马蹄金 *Dichondra repens* Forst.

科属:旋花科　马蹄金属

别名:荷苞草、铜钱草

形态特征:多年生匍匐小草本,茎细长,节上生根。叶肾形至圆形,先端宽圆形或微缺,基部阔心形,叶面微被毛,背面被贴生短柔毛,全缘;具长的叶柄。花单生叶腋,花柄短于叶柄;萼片5枚;花冠钟状,黄色,深5裂;雄蕊5枚;子房2室,花柱2枚,柱头头状。蒴果近球形。花果期5~7月。

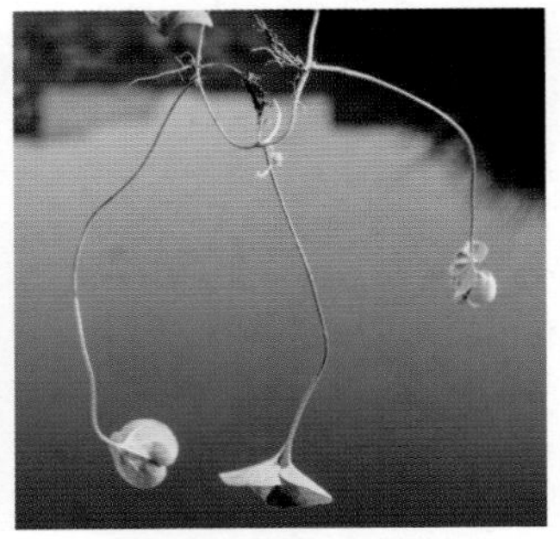

识别特征:匍匐草本;节上生根;叶互生,肾形至圆形,背面被柔毛;花单生,花柄短于叶柄。因叶形独特,易识别。

其他:“dichondra”指子房2深裂的特征。

资源状况:校园常见于草坪。我国长江以南各地均有分布。

多花筋骨草

Ajuga multiflora Bunge

科属：唇形科　筋骨草属

形态特征：多年生草本。茎直立，密被灰白色绵毛状长柔毛。基生叶具柄，茎上部叶无柄；叶片纸质，椭圆状长圆形或椭圆状卵圆形，具长柔毛状缘毛。轮伞花序；苞叶大，与茎叶同形，向上渐小；花萼宽钟形，外面被绵毛状长柔毛；花冠蓝紫色或蓝色，冠檐二唇形，上唇短，先端2裂，下唇伸长，3裂；雄蕊4枚，2强，伸出。小坚果倒卵状三棱形。花期4~5月，果期5~6月。

利用价值：全草入药。具有观赏价值。

识别特征：草本；茎四棱，茎、叶具长柔毛；叶交互对生；轮伞花序，花紫色，冠檐上唇2裂，下唇3裂。

其他："multiflora"意为"多花的"。

资源状况：校园可见，生于生命科学学院旁的草地。分布于华东、华北等地。

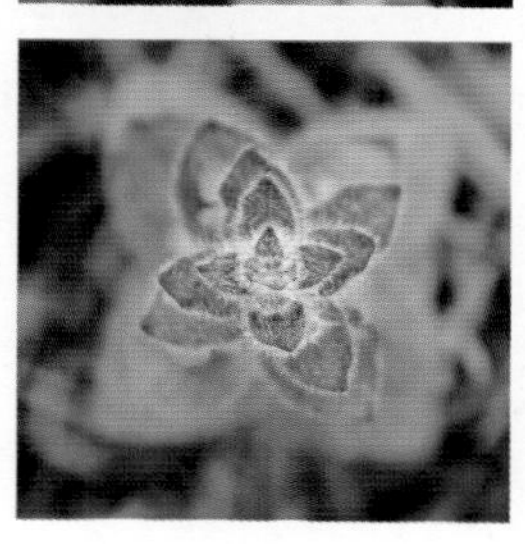

一串红 *Salvia splendens* Ker.-Gawl.

科属:唇形科　鼠尾草属

别名:象牙红

形态特征:亚灌木状草本。茎钝四棱形。叶卵圆形或三角状卵圆形,叶缘具锯齿。轮伞花序具2~6小花,组成顶生总状花序,苞片卵圆形,红色;花萼钟形,红色,二唇形;花冠红色,冠檐二唇形,上唇直伸,下唇比上唇短,3裂;能育雄蕊2枚,退化雄蕊短小;花柱与花冠近相等。花期5~10月。

利用价值:供栽培观赏。

识别特征:草本;轮伞花序,花萼、花冠红色冠檐二唇形。易识别。

其他:"splendens"相当于英语的"splendid",指花颜色艳丽的特征。

资源状况:校园常见。原产于巴西。我国各地庭园中广泛栽培。

荔枝草 *Salvia plebeia* R. Br.

科属：唇形科　鼠尾草属

别名：过冬青、癞子草

形态特征：一年生或二年生草本。茎直立，多分枝。叶椭圆状卵圆形或椭圆状披针形，基部圆形或楔形，叶缘具圆齿。轮伞花序具6朵小花；苞片披针形，长于或短于花萼；花萼钟形，二唇形，唇裂约至花萼长1/3，上唇全缘，先端具3枚尖齿，下唇深裂成2齿，齿三角形，锐尖；花冠淡红、淡紫，稀白色，冠檐二唇形；能育雄蕊2枚，药隔弯成弧形，上臂和下臂等长，上臂具药室，二下臂不育，膨大，互相联合。小坚果倒卵圆形。花期4~5月，果期6~7月。

利用价值：全草入药。具有观赏价值。

识别特征：草本；多分枝；叶椭圆状卵圆形或椭圆状披针形；轮伞花序具6小花，萼筒唇形，花冠淡红、淡紫，能育雄蕊2枚，药隔弯成弧形。

其他："plebeia"意为"普通的"，指分布广泛。

资源状况：校园常见，生于路边。除新疆等地外，广布全国各地。东亚、东南亚及澳大利亚也有。

邻近风轮菜 *Clinopodium confine* (Hance) O. Ktze

科属：唇形科　风轮菜属

别名：四季草

形态特征：铺散草本，节部生根。茎四棱形。叶卵圆形，先端钝，基部圆形或阔楔形，叶缘自近基部以上具圆齿状锯齿。轮伞花序常多花密集，近球形；苞叶叶状，苞片极小；花萼管状，上唇3齿，三角形，下唇2齿，长三角形；花冠粉红至紫红色，稍超出花萼，下唇上唇等长，3裂，中裂片较大；雄蕊4枚，内藏。花期4~6月，果期7~8月。

利用价值：可供观赏。

识别特征：草本；茎四棱形；轮伞花序小花密集，近球形，苞叶叶状。

资源状况：校园可见，常生于路边。分布于浙江、江苏、湖南等地。

活血丹 *Glechoma longituba* (Nakai) Kupr.

科属:唇形科　活血丹属

别名:金钱草

形态特征:多年生草本。具匍匐茎,逐节生根,茎四棱,上升。叶草质,叶片心形或近肾形,叶缘具圆齿或粗锯齿状圆齿。轮伞花序常具2朵花,稀具4~6朵;花萼管状,齿5枚,上唇3齿较长,下唇2齿略短,花冠淡蓝、蓝至紫色,下唇具深色斑点,雄蕊4枚。果期5~6月。

利用价值:全草或茎叶入药,治膀胱结石或尿路结石等有效。

识别特征:匍匐多年生草本;茎四棱;叶片心形或近肾形,叶缘具圆齿;轮伞花序常2朵花,花冠唇形。

资源状况:东区北门旁草地可见。除青海等地外,全国各地均有分布。

形态特征:多年生草本。茎钝四棱形,紫红色。茎生叶卵状长圆形或卵圆形,上面橄榄绿色,下面淡绿色。轮伞花序密集组成顶生长2~4厘米的穗状花序,每一轮伞花序具1枚苞片,宽心形;花萼钟形,二唇形,上唇扁平,宽大,具3枚不明显短齿,下唇较狭,2深裂;花冠紫、蓝紫或红紫色,冠檐二唇形;雄蕊4枚。小坚果黄褐色。花期4~6月,果期7~10月。

夏枯草 *Prunella vulgaris* L.

科属:唇形科　夏枯草属

别名:铁色草、金疮小草

利用价值:全株入药。具有观赏价值。

识别特征:草本;茎四棱;轮伞花序密集组成穗状,每一轮伞花序具1枚宽心形苞片,花冠紫、蓝紫色,二唇形。

其他:"vulgaris"意为"常见的",指分布广泛。

资源状况:校园常见杂草,生于草坪、荒地。分布广泛。

宝盖草 *Lamium amplexicaule* L.

科属:唇形科　野芝麻属

别名:珍珠莲

形态特征:一年生或二年生草本。茎多分枝,四棱形。茎上部叶无柄,叶片圆形或肾形,先端圆,基部截形或截状阔楔形,半抱茎,叶缘具极深的圆齿。轮伞花序6~10朵小花。花冠紫红或粉红色,冠筒细长,冠檐二唇形,上唇直伸,下唇稍长,3裂,中裂片先端深凹。小坚果倒卵圆形,具三棱。花期3~5月,果期7~8月。

利用价值:全草入药。有观赏价值。

识别特征:草本;茎四棱;上部叶圆形或肾形,先端圆,基部半抱茎,叶缘具极深的圆齿。花冠紫红或粉红色,二唇形。

其他:“amplexicaule”指叶基部抱茎这一特征。

资源状况:校园春夏常见的野花。我国除东北外,遍布各地。广泛分布于亚洲。

随意草 *Physostegia virginiana* (L.) Benth.

科属：唇形科　随意草属

别名：假龙头、芝麻花

形态特征：多年生宿根草本植物，具匍匐茎，株高60~120厘米。茎四棱形。叶对生，披针形，叶缘有细锯齿。花冠唇形，粉红色。花期秋季。

利用价值：观赏花卉。

识别特征：茎四棱形；叶对生，披针形，叶缘有细锯齿；花冠唇形，较大。

其他：小花被轻轻拨动之后并不会回到原来的位置，各小花的位置不一，给人感觉很"随意"，故名随意草。

资源状况：西区也西湖旁蘑菇亭附近有栽培。原产于北美洲。我国东部地区栽培较多。

婆婆纳

Veronica didyma Tenore

科属:玄参科　婆婆纳属

形态特征:铺散多分枝草本。多少被长柔毛,高10~25厘米。叶2~4对,叶片心形至卵形。总状花序很长;苞片叶状,下部的对生或全部互生;花梗比苞片略短;花冠淡紫色、粉色或白色。蒴果近于肾形,凹口约为90度角。花期3~5月。

利用价值:茎叶味甜,可食。具观赏价值。

识别特征:铺散纤弱草本;叶少且稀疏;花梗比苞片略短;蒴果,凹口约90度。

资源状况:校园常见。分布于我国华东、华中、西南、西北等地。常广布于欧亚大陆北部。

直立婆婆纳 *Veronica arvensis* L.

科属：玄参科　婆婆纳属

形态特征：小草本。茎直立或上升，不分枝或铺散分枝。叶常3~5对，下部的有短柄，中上部的无柄。总状花序长而多花，花梗极短；花冠蓝紫色或蓝色，长约2毫米。蒴果倒心形，侧扁，宿存的花柱不伸出凹口。花期4~5月。

利用价值：可供观赏。

识别特征：茎直立或上升，不分枝或铺散分枝；花冠蓝色，明显小于阿拉伯婆婆纳，易区分。左下图中的大花为阿拉伯婆婆纳，小花为直立婆婆纳。

资源状况：校园可见。我国华东和华中常见。北温带广布。

科属：玄参科　婆婆纳属

别名：波斯婆婆纳、大婆婆纳

形态特征：铺散多分枝草本，高10~50厘米。叶2~4对，具短柄，卵形或圆形，叶缘具钝齿，两面疏生柔毛。总状花序；苞片互生，与叶同形且几乎等大；花梗比苞片长；花冠蓝色，喉部疏被毛。蒴果肾形，凹口角度超过90度，花柱宿存。花期3~5月。

利用价值：具观赏价值。

识别特征：铺散草本；叶缘具钝齿；总状花序，花蓝色，4枚裂片开展，雄蕊2枚。

其他：和婆婆纳很像，区别在于本种的花梗明显长于苞片。"persica"意为"波斯的"，指原产地位于西亚地区。

资源状况：校园常见春季野花。分布于华东、西南等地。亚洲西部及欧洲也有。

蚊母草 *Veronica peregrina* L.

科属：玄参科　婆婆纳属

别名：水蓑衣

形态特征：一年生草本。株高10~25厘米，常自基部多分枝，主茎直立。叶无柄，下部的倒披针形，上部的长矩圆形，长1~2厘米，全缘或中上部有三角状锯齿。总状花序，苞片与叶同形而略小；花梗极短；花冠白色或浅蓝色，长2毫米。花期5~6月。

利用价值：可供观赏。嫩苗味苦，水煮去苦味，可食。

识别特征：叶无柄，下部的倒披针形，上部的长矩圆形；总状花序长，花白色。易与同属其他种区分。

其他："peregrina"意为"外来的"。

资源状况：校园可见，生于潮湿的荒地、路边。分布于东北、华北、华东和西南等地。欧洲、美洲也有分布。

形态特征:直立草本,高15~50厘米。茎几无毛,具4窄棱。叶片长卵形或卵形,长3~5厘米,宽1.5~2.5厘米,几无毛,先端略尖或短渐尖,基部楔形,叶缘具带短尖的粗锯齿,叶柄长1~2厘米。花常在枝的顶端排列成总状花序;苞片条形;萼椭圆形,绿色,或顶部和边缘略带紫红色,具5枚翅,果期翅宽可达3毫米;萼齿2枚;花冠长2.5~4厘米;花冠筒淡青紫色,背黄色;上唇直立,浅蓝色,宽倒卵形;下唇裂片矩圆形或近圆形,彼此几相等,紫蓝色,中裂片的中下部有一黄色斑块。蒴果长椭圆形。花果期6~12月。

夏堇 *Torenia fournieri* Lind. ex E. Fourn.

科属:玄参科　蝴蝶草属

别名:蝴蝶草、蓝猪耳

利用价值:观花植物,盆栽或植于花坛。

识别特征:直立草本,高15~50厘米;茎四棱;叶片长卵形或卵形,对生;总状花序,花冠筒二唇形,萼背有翅。

资源状况:校园常见栽培,为花坛绿化植物。原产于越南。现各地栽培。

通泉草 *Mazus japonicus*（Thunb.）O. Kuntze

科属：玄参科　通泉草属

形态特征：一年生草本。分枝多而披散，少不分枝。基生叶少到多数，倒卵状匙形至卵状倒披针形，下延成带翅的叶柄。总状花序，常3~20朵小花；花萼钟状，果期多少增大；花冠白色、紫色或蓝色，上唇裂片卵状三角形，下唇中裂片较小；子房无毛。蒴果球形。花果期4~10月。

利用价值：可供观赏。

识别特征：一年生草本；总状花序，花冠唇形，较小，花萼脉纹不明显；子房无毛。

资源状况：校园春季常见的野花。几遍全国。

弹刀子菜 *Mazus stachydifolius* (Turcz.) Maxim.

科属:玄参科　通泉草属

形态特征:多年生草本。茎直立,圆柱形,老时基部木质化。基生叶匙形,有短柄;茎生叶对生,上部的常互生,无柄,长椭圆形至倒卵状披针形。总状花序顶生;花萼10条脉纹明显;花冠蓝紫色,长约15~20毫米,上唇短,顶端2裂,下唇宽大,开展,3裂;雄蕊4枚,2强。花期4~6月,果期7~9月。

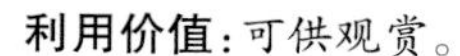

利用价值:可供观赏。

识别特征:多年生草本;茎圆柱形;总状花序,花萼10条脉纹明显,花较大;子房有毛。同属的通泉草花冠较小,花萼脉纹不明显,子房无毛,易于区分。

资源状况:校园春季的野花。除我国西北外,遍及全国各地。

龙葵 *Solanum nigrum* L.

科属：茄科　茄属

别名：野辣虎

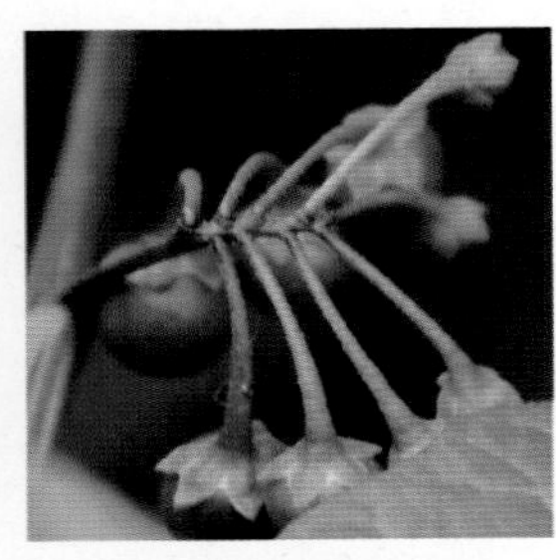

形态特征：一年生直立草本。叶卵形，先端短尖，基部楔形至阔楔形而下延至叶柄，全缘或每边具不规则的波状粗齿。蝎尾状花序腋外生，由3~6(~10)朵小花组成；花冠白色，筒部隐于萼内，5深裂；花丝短，花药黄色。浆果球形，熟时黑色。花果期9~10月。

利用价值：全株入药，可散瘀消肿，清热解毒。

识别特征：草本；叶互生，卵形；蝎尾状聚伞花序腋外生，花白色，花冠5裂；浆果熟时黑色。与少花龙葵的区别是：少花龙葵植株纤细；花序近伞状，通常着生1~6朵花；果及种子均较小。

其他："nigrum"意为"黑色的"，指成熟浆果的颜色。

资源状况：校园常见，生于路边。全国几乎均有分布。

少花龙葵 *Solanum photeinocarpum* Nakam. et Odash.

科属:茄科　茄属

别名:野辣虎、小苦菜

形态特征:纤弱草本。叶薄,卵形至卵状长圆形,基部楔形下延至叶柄而成翅,叶缘近全缘,波状或有不规则的粗齿。花序近伞形,腋外生,着生1~6小朵花;萼绿色,约2毫米,裂片卵形,先端钝;花冠白色,筒部隐于萼内。浆果球状,直径约5毫米,成熟后黑色。花果期6~10月。

利用价值:叶可供蔬食,有清凉散热之功,并可兼治喉痛。

识别特征:纤弱草本;叶薄,卵形至卵状长圆形,叶缘近全缘,波状或有不规则的粗齿;花序近伞形,腋外生,萼绿色,花冠白色;浆果球状,成熟后黑色,有光泽。

其他:“photeinocarpum”指果实有光泽这一特征。

资源状况:校园常见的野生草本。分布于我国华东、华中和西南等地。

碧冬茄 *Petunia hybrida* Vilm.

科属:茄科　碧冬茄属

别名:矮牵牛

形态特征:一年生草本,全体被腺毛。叶有短柄或近无柄,卵形,顶端急尖,基部阔楔形或楔形,全缘。花单生于叶腋,花梗长3~5厘米;花萼5深裂,裂片条形,果时宿存;花冠白色或紫堇色,有各式条纹,漏斗状,檐部开展;雄蕊4长1短;花柱稍超过雄蕊。蒴果圆锥状,长约1厘米,2瓣裂,各裂瓣顶端又2浅裂。花果期5~10月。

利用价值:供栽培观赏。

识别特征:草本,全体被腺毛;叶全缘;花单生于叶腋,花冠漏斗状,5~7厘米,雄蕊4长1短。

其他:本种是一个杂交种,“hybrida”即意为“杂交的”。

资源状况:校园常见,栽培于花坛中。原产于阿根廷。世界各地普遍栽培。

车前 *Plantago asiatica* L.

科属:车前科　车前属

别名:车轮草

形态特征:二年生或多年生草本。须根。叶基生呈莲座状,宽卵形至宽椭圆形,基部宽楔形或近圆形,多少下延,叶柄长2~15厘米。花序3~10枚,直立或弓曲上升;花冠白色;雄蕊与花柱明显外伸。蒴果纺锤状。花期4~8月,果期6~9月。

利用价值:可入药。

识别特征:叶基生呈莲座状,有长柄,几乎无毛,叶脉弧形;总状花序直立,明显。

其他:"asiatica"意为"亚洲的"。

资源状况:校园夏季路边常见的野草。遍布全国。东亚广布。

平车前 *Plantago depressa* Willd.

科属:车前科　车前属

别名:车串串、小车前

形态特征:一年生或二年生草本。直根长。叶基生呈莲座状,平卧、斜展或直立;叶片纸质,椭圆形、椭圆状披针形或卵状披针形,基部宽楔形至狭楔形,下延至叶柄;脉5~7条,上面略凹陷,于背面明显隆起,两面疏生白色短柔毛。花序3~10余枚;花冠白色,无毛。蒴果卵状椭圆形至圆锥状卵形。花期5~7月,果期7~9月。

利用价值:可供观赏。也可作草坪。

识别特征:叶片纸质,平卧地面,椭圆形、椭圆状披针形或卵状披针形,被毛明显不如北美车前多。叶形和车前差别较大,易区分。

其他:"depressa"指叶片像被压平到地面上一样的特征。

资源状况:校园夏季路边杂草。除华南和华中外,遍布全国。

形态特征:一年生或二年生草本。直根。叶基生呈莲座状,平卧至直立;叶片倒披针形至倒卵状披针形,基部狭楔形,下延至叶柄,两面及叶柄散生白色柔毛,叶柄长0.5~5厘米。花序1至多数;花序梗直立或弓曲上升;花冠淡黄色,无毛。蒴果卵球形。花期4~5月,果期5~6月。

北美车前 *Plantago virginica* L.

科属:车前科　车前属

别名:毛车前

利用价值:可供观赏。

识别特征:叶片倒披针形至倒卵状披针形,基部狭楔形,叶柄不明显,两面及叶柄散生白色柔毛。和车前叶明显不同,易区分。

其他:"virginica"意为"弗吉尼亚的",指该种的模式标本产地。

资源状况:西区二里河畔草地较多。原产于北美洲,为外来杂草。

猪殃殃 *Galium aparine* L.

科属:茜草科　拉拉藤属

别名:拉拉藤

形态特征:蔓生或攀援状草本。茎4棱。叶6~8枚轮生,倒披针形,两面常有紧贴的刺状毛。聚伞花序腋生或顶生,花4基数;花冠黄绿色或白色,辐状;子房被毛,花柱2裂至中部,柱头头状。果干燥,密被钩毛,果柄直。花果期4~6月。

利用价值:全草药用。

识别特征:蔓生,低矮草本;茎有4棱角,棱上、叶缘、叶脉上均有倒生的小刺毛;叶6~8枚轮生,带状倒披针形;聚伞花序腋生或顶生,花小,4基数,花白色。易识别。

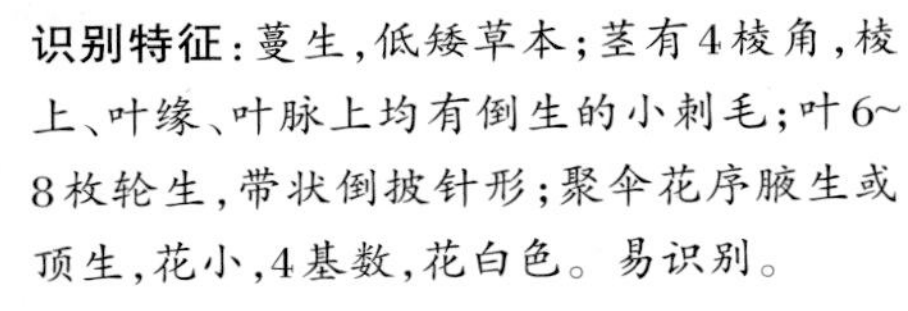

资源状况:校园春季常见的野草。我国除海南及南海诸岛外,全国均有分布。

一年蓬 *Erigeron annuus* (L.) Pers.

科属:菊科　飞蓬属

形态特征:一年生或二年生草本。高30~100厘米,中部和上部叶较小,长圆状披针形或披针形,具短柄或无柄,叶缘有不规则的齿或近全缘。头状花序数个或多数,排列成疏圆锥花序;总苞片3层;外围的雌花舌状,舌片平展,白色,中央的两性花管状,黄色。瘦果披针形;冠毛异形。花果期5~10月。

利用价值:可供观赏。

识别特征:头状花序排列成圆锥花序;外围舌状花白色,中间两性花管状,黄色。

其他:"annuus"意为"一年生的",指该植物有一年生的习性。

资源状况:校园常见的野生植物。原产于北美洲。我国广泛分布。

刺儿菜 *Cirsium setosum* (Willd.) MB.

科属: 菊科　蓟属

别名: 大蓟、小蓟

形态特征: 多年生草本。茎直立。叶常无叶柄,椭圆形或披针形或线状披针形,叶缘有细密的针刺,针刺紧贴叶缘,或叶缘有刺齿,齿顶针刺大小不等。头状花序单生茎枝顶端;小花紫红色或白色,雌花花冠长2.4厘米,两性花花冠长1.8厘米。瘦果淡黄色,冠毛污白色。花果期5~9月。

利用价值: 可供观赏。

识别特征: 多年生草本;叶互生,叶缘有尖锐针刺、刺齿;头状花序单生茎枝顶端;小花紫红色。

资源状况：校园常见野生植物，生于路边、荒地。分布于全国各地。

形态特征:多年生草本。茎直立,被稠密或稀疏的多细胞长节毛。基生叶较大,羽状深裂或几全裂,基部渐狭成短或长翼柄,柄翼边缘有针刺及刺齿;侧裂片6~12对,侧裂片宽狭变化极大,边缘有稀疏大小不等的小锯齿,齿顶有针刺长;顶裂片披针形或长三角形;自基部向上的叶渐小,与基生叶同形并等样分裂,但无柄。头状花序直立,总苞片约6层,覆瓦状排列,顶端有针刺。小花红色或紫色,不等5浅裂。瘦果压扁,冠毛浅褐色,基部联合成环。花果期5~9月。

蓟 *Cirsium japonicum* DC.

科属:菊科　蓟属

别名:大蓟

利用价值:有观赏价值。可入药。

识别特征:草本;茎有长柔毛;单叶互生,叶羽状深裂,叶缘有针刺;头状花序,小花紫色,5裂;冠毛基部联合成环。

资源状况:校园可见,生于草坪、荒地。广布于华东和华北等地。

泥胡菜 *Hemistepta lyrata* Bunge

科属:菊科　泥胡菜属

形态特征:一年生草本。中下部茎叶大头羽状深裂或几全裂,倒卵形、长椭圆形,裂片边缘具三角形锯齿,两面异色,上面绿色,下面灰白色,被厚或薄绒毛。头状花序排成疏松伞房花序;总苞片多层,中外层苞片近顶端有直立的鸡冠状突起的紫红色附片,内层苞片无附片;小花紫色或红色,深5裂。冠毛异型,白色,两层,外层羽毛状,基部连合成环,脱落;内层冠毛极短,鳞片状。花果期4~8月。

利用价值:有观赏价值。

识别特征:草本;单叶互生,叶大头羽状深裂或几全裂;头状花序排成疏松伞房花序;中外层总苞片顶端有鸡冠状附属物;冠毛异形。

其他:"lyrata"意为"大头羽裂的",指叶片的形态。

资源状况:校园常见的野生植物。除新疆、西藏外,遍布全国。

形态特征：多年生具乳汁草本。叶倒卵状披针形、倒披针形或长圆状披针形，叶缘有时具波状齿或羽状深裂，有时倒向羽状深裂或大头羽状深裂，顶端裂片较大，三角形或三角状戟形，全缘或具齿。花葶1至数个，与叶等长或稍长，上部紫红色；头状花序直径30~40毫米；总苞钟状，2~3层；舌状花黄色。瘦果倒卵状披针形，暗褐色；冠毛白色。花期4~9月，果期5~10月。

蒲公英 *Taraxacum mongolicum* Hand. Mazz.

科属：菊科　蒲公英属

别名：黄花地丁

利用价值：全草供药用或食用，有清热解毒、消肿散结的功效。具观赏价值。

识别特征：叶基生，莲座状；叶倒卵状披针形，叶缘有时具波状齿或羽状深裂或大头羽状深裂；花葶1至数枚，花全为舌状，黄色；冠毛白色。

资源状况：校园常见的野花。分布广泛，植株变异较大。

黄鹌菜 *Youngia japonica* (L.) DC.

科属：菊科　黄鹌菜属

形态特征：一年生具乳汁草本。基生叶全形倒披针形、椭圆形、长椭圆形或宽线形，大头羽状深裂或全裂，叶柄有狭或宽翼或无翼；无茎叶或极少有1(~2)枚茎生叶。花茎直立，顶端伞房花序状分枝或下部有长分枝；头花序含10~20枚舌状小花，少数或多数在茎枝顶端排成伞房花序；总苞圆柱状，4层，外层及最外层极短，全部总苞片外面无毛；舌状小花黄色。瘦果纺锤形，压扁。花果期4~10月。

利用价值：可供观赏。

识别特征：一年生草本；基生叶大头羽状深裂或全裂，几乎无茎生叶；头状花序排成伞房花序，舌状小花黄色。

资源状况：校园常见。分布较广。

抱茎小苦荬 *Ixeridium sonchifolium* (Maxim.) Shih

科属:菊科　小苦荬属

别名:抱茎苦荬菜、苦荬菜

形态特征:多年生具乳汁草本。茎单生,直立。基生叶莲座状,匙形、长倒披针形或长椭圆形,或不分裂,叶缘有锯齿,顶端圆形或急尖,或大头羽状深裂,顶裂片大;中下部茎叶与基生叶等大或较小,羽状浅裂或半裂,心形或耳状抱茎;上部茎叶心状披针形,叶缘全缘,极少有锯齿,向基部心形或圆耳状扩大抱茎;全部叶两面无毛。头状花序排成伞房或伞房圆锥花序,舌状小花黄色。瘦果黑色,冠毛白色。花果期3~5月。

利用价值:全草入药,清热解毒,有凉血、活血功效。可供观赏。

识别特征:有乳汁草本;茎上部叶基部抱茎,叶缘羽状深裂;头状花序排成伞房状,小花黄色。

其他:"sonchifolium"意为"苦苣菜叶的",指叶形像苦苣菜的特征。

资源状况:校园常见于荒地、草地。分布广泛。

中华苦荬菜 *Ixeris chinensis*（Thunb.）Kit.

科属:菊科　苦荬菜属

别名:苦荬菜、小苦荬

形态特征:多年生具乳汁草本。基生叶长椭圆形、倒披针形、线形或舌形,叶形变化大;茎生叶2~4枚,极少1枚或无茎叶;全部叶两面无毛。头状花序常排成伞房花序;总苞圆柱状,总苞片3~4层;舌状小花黄色或白色。瘦果褐色,冠毛白色。花果期3~7月。

利用价值:全草入药,嫩叶可作饲料。可供观赏。

识别特征:草本,有乳汁;基生叶莲座状;头状花序排成伞房花序,小花全为舌状花,白色或黄色。

资源状况:校园可见。分布较广。

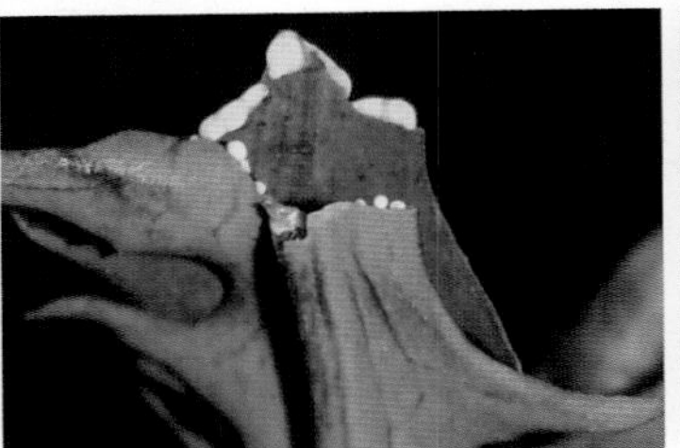

形态特征:一年生具乳汁矮小草本。茎自基部发出簇生分枝及莲座状叶丛。基生叶椭圆形、长匙形,大头羽状全裂或几全裂;茎生叶少数。头状花序小,果期下垂或歪斜,在茎枝顶端排列成疏松的伞房状圆锥花序;总苞片2层;舌状小花黄色,两性。瘦果淡黄色,稍压扁,长椭圆形或长椭圆状倒披针形,有粗细不等的细纵肋,顶端两侧各有1枚下垂的长钩刺,无冠毛。花果期1~6月。

稻槎菜 *Lapsana apogonoides* Maxim.

科属:菊科　稻槎菜属

利用价值:可供观赏。

识别特征:矮小草本;基生叶大头羽裂;头状花序,排列成疏松的伞房状圆锥花序,总苞片2层;瘦果无冠毛,顶端两侧各有1枚下垂的长钩刺。

资源状况:校园夏季草坪常见的野草。分布于华东、华中和西南等地。

菹草 *Potamogeton crispus* L.

科属:眼子菜科　眼子菜属

别名:虾藻

形态特征:多年生沉水草本。茎稍扁,多分枝。叶条形,无柄,长3~8厘米,宽3~10毫米,先端钝圆,基部约1毫米与托叶合生,但不形成叶鞘,叶缘多少呈浅波状,具疏或稍密的细锯齿;叶脉3~5条。穗状花序顶生,具小花2~4轮;花小,花被片4枚,淡绿色;雄蕊4枚;雌蕊4枚,基部合生。果实卵形。花果期4~7月。

利用价值:为草食性鱼类的良好天然饵料。

识别特征:多年生沉水草本;叶条形,无柄,叶缘多少呈浅波状。

其他:校内未见花果。

资源状况:校园常见水生植物。分布于我国南北各地。世界广布种。

虎掌 *Pinellia pedatisecta* Schott

科属:天南星科　半夏属

别名:掌叶半夏

形态特征:多年生草本。块茎近圆球形。叶1~3枚或更多,叶柄淡绿色,叶片鸟足状分裂,裂片6~11枚,披针形,渐尖,基部渐狭,楔形,两侧裂片依次渐短小。花序柄直立,佛焰苞淡绿色,肉穗花序:雌花序长1.5~3厘米;雄花序长5~7毫米;附属器黄绿色,细线形,直立或[illegible]呈“S”形弯曲。浆果卵圆形,绿色至黄白色,藏于宿存的佛焰苞管部内。花果期6~7月。

利用价值:块茎供药用。

识别特征:草本,有块茎;叶片鸟足状全裂;肉穗花序有佛焰苞,雌花序下部和佛焰苞连合,附属器黄绿色。

其他:“pedatisecta”意为“鸟足状全裂的”,指叶片的形态。

资源状况:校园常见于东区第五教学楼附近的草坪、荒地。我国特有,分布于西南、华北以及江苏、安徽等地。

玉簪 *Hosta plantaginea* (Lam.) Aschers.

科属: 百合科　玉簪属

形态特征: 根状茎粗厚。叶卵状心形、卵形或卵圆形,先端近渐尖,基部心形。花葶高40~80厘米,具几朵至十几朵花;苞片卵形或披针形,花单生或2~3朵簇生,长10~13厘米,白色,芳香;花梗长约1厘米;雄蕊与花被近等长或略短,基部15~20毫米贴生于花被管上。蒴果圆柱状,3棱。花果期8~10月。

利用价值: 全草供药用,根、叶有小毒。供栽培观赏。

识别特征: 草本;叶卵状心形,先端近渐尖,基部心形;总状花序,花单生或2~3朵簇生,花大,白色。

其他: "plantaginea"意为"像车前的",指有基生叶和总状花序等特征和车前类似。校园内还有花叶玉簪等栽培品种。

资源状况: 校园多见,东区眼镜湖旁、西区第三教学楼附近有栽培。分布于我国各山区,现广泛栽培观赏。

老鸦瓣 *Amana edulis* (Miq.) Honda

科属:百合科　老鸦瓣属

别名:光慈菇

形态特征:鳞茎皮纸质。茎常不分枝,无毛。叶2枚,长条形。花单朵顶生,靠近花的基部具2枚对生的狭条形苞片;花被片狭椭圆状披针形,白色,背面有紫红色纵条纹;雄蕊6枚,3长3短。蒴果近球形,有长喙。花期3~4月,果期4~5月。

利用价值:鳞茎供药用,又可提取淀粉。有观赏价值。

识别特征:草本;叶2枚,长条形;花被片6枚,白色,背面有紫红色纵条纹;雄蕊6枚,3长3短。无花时叶片灰绿色,不易识别。

资源状况:校园可见于西区芳花园草地、东区图书馆前草地、东区第一教学楼南面草地等地。分布于华北、长江流域及西南等地。

葱莲 *Zephyranthes candida* (Lindl.) Herb.

科属:石蒜科　葱莲属

别名:葱兰、玉帘

形态特征:多年生草本。鳞茎卵形。叶狭线形,肥厚,亮绿色。花葶中空;花单生于花葶顶端,总苞片顶端2裂;花白色,外面常带淡红色;几无花被管,花被片6枚;雄蕊6枚;柱头不明显3裂。蒴果近球形,3瓣开裂;种子黑色。花期秋季。

利用价值:观赏花卉。

识别特征:叶狭线形,肥厚,亮绿色,似葱;花单生于花葶,白色,花瓣6枚。

其他:"candida"意为"白色的",指花的颜色。叶似葱,花似莲,故名葱莲。

资源状况:校园常见。原产于南美,我国引种栽培供观赏。

形态特征：多年生草本。鳞茎卵球形。基生叶常数枚簇生，线形，扁平。花单生于花葶顶端，下有佛焰苞状总苞，总苞片常带淡紫红色，长4~5厘米，下部合生成管；花梗长2~3厘米；花玫瑰红色或粉红色；花被裂片6枚，裂片倒卵形，顶端略尖，长3~6厘米；雄蕊6枚；子房下位，3室，花柱细长，柱头深3裂。花期夏秋季。

韭莲 *Zephyranthes grandiflora* Lindl.

科属：石蒜科　葱莲属

别名：风雨花

利用价值：栽培观赏。

识别特征：草本；基生叶线形，扁平；花单生于花葶，花玫瑰红色或粉红色，雄蕊6枚；子房下位。易与同属的葱莲区分开来。

其他：“grandiflora”意为“大花的”，指花较大这一特征。

资源状况：校园常见于西区芳花园、东区职工住宅区。原产于南美洲。我国引种栽培。

石蒜 *Lycoris radiata* (L′Her.) Herb.

科属:石蒜科　石蒜属

别名:曼珠沙华、彼岸花、龙爪花、蟑螂花

形态特征:鳞茎近球形,秋季出叶,叶狭带状,长约15厘米,宽约0.5厘米,顶端钝,深绿色,中间有粉绿色带。花葶高约30厘米;总苞片2枚,披针形;伞形花序有小花4~7朵,花鲜红色;花被裂片狭倒披针形,皱缩和反卷,花被筒绿色;雄蕊显著伸出于花被外,比花被长1倍左右。花期8~9月,果期10月。

利用价值:鳞茎含多种植物碱,可入药;有毒植物。观赏花卉。

识别特征:叶深绿色,中间有一粉绿色条带;花葶直立,花鲜红色,花瓣强度皱缩和反卷,雄蕊细长。

其他:石蒜花期无叶,花和叶的时期相互错开。"radiata"意为"辐射状的",指伞形花序的小花辐射状着生的特征。

资源状况:东区第一教学楼附近、西区图书馆附近草地有栽培。分布于华东、华中、华南及西南地区。

鸭跖草 *Commelina communis* L.

科属:鸭跖草科　鸭跖草属

别名:淡竹叶、兰花菜

形态特征:一年生披散草本。叶披针形至卵状披针形,长3~9厘米。总苞片佛焰苞状,与叶对生,聚伞花序,上面一枝具小花3~4朵,几乎不伸出佛焰苞;花瓣3枚,深蓝色,内面2枚较大;雄蕊6枚。蒴果椭圆形,2室;种子4粒,有不规则窝孔。花果期6~10月。

利用价值:药用,有消肿利尿、清热解毒等功效。花蓝色美丽,极具观赏价值。

识别特征:叶披针形至卵状披针形,无柄;花蓝色;蒴果2室,2爿裂。

其他:“communis”意为“常见的”,指该植物常见,分布广泛。

资源状况:校园路边常见野生花卉。分布于云南、四川、甘肃以东的南北各地。

饭包草

Commelina bengalensis L.

科属:鸭跖草科　鸭跖草属

别名:火柴头、卵叶鸭跖草

形态特征:多年生披散草本。叶有明显的叶柄;叶片卵形,叶鞘口沿有疏而长的睫毛。总苞片漏斗状,与叶对生,常数个集于枝顶;花瓣蓝色,圆形,内面2枚具长爪。蒴果椭圆状;种子黑色,3粒,其中1粒较大。花期夏秋季。

利用价值:花蓝色,美丽,极具观赏价值。

识别特征:草本;叶子具有明显的叶柄,叶片短而宽;花瓣蓝色。另外,地下根状茎上生有闭花受精的花,是名副其实的地下开花结果。易与鸭跖草区分。

资源状况:校园常见。分布于我国秦岭至淮河流域以南各地。亚洲和非洲的热带、亚热带广布。

形态特征:多年生草本。叶基生,黄绿色,宽剑形;茎生叶1~2枚。苞片2~3枚,内包含有1~2朵小花;花蓝紫色,直径约10厘米,外花被裂片圆形或宽卵形,中脉上有不规则的鸡冠状附属物,成不整齐的缝状裂;花柱分枝扁平,淡蓝色。蒴果长椭圆形或倒卵形,有6条明显的肋,成熟时自上而下3瓣裂;种子黑褐色。花期4~5月,果期6~8月。

鸢尾 *Iris tectorum* Maxim.

科属:鸢尾科　鸢尾属

别名:紫蝴蝶、扁竹花

利用价值:根状茎可入药。多栽培作为观花植物。

识别特征:多年生草本;叶基生,黄绿色,宽剑形;花蓝紫色,外花瓣中部有不规则的鸡冠状附属物,花柱淡蓝色;蒴果3瓣裂。

其他:柱头扩大成花瓣状,顶端2裂,似鸢(一种猛禽)的尾巴,故名"鸢尾"。

资源状况:校园常见,常大片栽培。分布于华东、华中、华南和西南等地。

芭蕉 *Musa basjoo* Sieb.

科属:芭蕉科　芭蕉属

别名:甘蕉

形态特征:多年生草本。植株高2.5~4米,为叶鞘相互套合形成的假茎。叶片长圆形,长2~3米,宽25~30厘米,先端钝,基部圆形或不对称,叶面鲜绿色,有光泽;叶柄粗壮,长达30厘米。花序顶生,下垂;苞片红褐色或紫色;雄花生于花序上部,雌花生于花序下部。浆果三棱状,长圆形。花期8~9月。

利用价值:可造纸、入药。观叶植物。

识别特征:叶片长圆形,长2~3米,宽25~30厘米,叶面鲜绿色,有光泽,叶脉羽状平行。易识别。

资源状况:西区第三教学楼附近、东区专家楼附近栽培较多。原产于日本。现各地栽培。

美人蕉 *Canna indica* L.

科属:美人蕉科　美人蕉属

形态特征:多年生草本。植株高可达1.5米。叶片卵状长圆形,长10~30厘米,宽达10厘米。总状花序疏花;萼片3枚,外轮退化雄蕊2~3枚,花瓣状,花红色、橙色或黄色,发育雄蕊长2.5厘米;花柱扁平,一半和发育雄蕊的花丝连合。蒴果,有软刺。花果期6~11月。

利用价值:观赏植物。可入药,可制人造棉等。

识别特征:叶较大,长10~30厘米;花大,退化雄蕊花瓣状;蒴果有软刺。

其他:"indica"意为"印度的",指植物原产地是印度。

资源状况:校园常见。原产于印度。我国南北各地常有栽培。

附录　植物学基础知识及图例

一、植物分类基础知识

1. 分类方法

系统发育分类(自然分类):根据植物之间的亲疏程度作为分类的标准,力求客观地反映植物界的亲缘关系和演化历史的分类方法。

2. 分类的基本阶层

界 Kingdom

门 Division

纲 Class

目 Order

科 Family

属 Genus

种 Species

种下单位还可分为亚种、变种、变型。

3. 植物的命名法则

学名:为每一种生物创建一个国际上统一使用的科学名称。

双名法:1753年由林奈首创。每一种植物的名称,由两个拉丁词组成,第一个词是属名,名词,第一个字母要大写;第二个词为种名,形容词;后面再写出定名人的姓氏或姓氏缩写,第一个字母要大写。

二、植物形态解剖学术语

1. 根

根由种子中胚的胚根发育而成,向地下生长,构成植物体的地下部分使植物体固着在土壤里,并从土壤中吸取水分和营养物质。

(1) 根的种类

根据发生部位不同,根可分为定根和不定根,定根包括主根和侧根两类。

（2）根系类型

① 直根系：主根与侧根在形态上区别明显，并在土壤中延伸较深的根，也称深根系。

② 须根系：主根不发达或早期停止生长，由茎基部生出许多较长、粗细相近的不定根，呈须状根系，在土壤中延伸较浅，也称浅根系。

2．茎

茎是种子中胚的胚芽向上生长而成。在茎端和叶腋处生有芽，茎和枝条上着生叶的部位叫节，两节之间的茎叫节间，叶柄与茎相交的内角为叶腋。

茎的类型有：

（1）直立茎：茎垂直地面，直立生长。

（2）平卧茎：茎平卧地面生长，不能直立。

（3）匍匐茎：茎平卧地面生长，但节上生不定根。

（4）攀援茎：茎上发出卷须、吸器等攀援器官，借此使植物攀附于它物上。

（5）缠绕茎：茎不能直立，螺旋状缠绕于它物上。

3．叶

叶是由芽的叶原基发育而成的，通常绿色，有规律地着生在枝(茎)的节上，是植物进行光合作用、制造有机营养物质和蒸腾水分的器官。

（1）叶序

叶在茎或枝条上的排列方式叫叶序。

常见的有：

叶互生、叶对生、叶轮生、叶簇生、叶基生。

（2）叶形

叶形通常是指叶片的形状，是按照叶片长度和宽度的比例以及最宽处的位置来划分的，是识别植物的重要依据之一。下列术语用于描述叶形：

菱形：即等边的斜方形；

圆形：形如圆盘；

针形：叶细长，先端尖锐；

卵形：长宽约相等或长稍大于宽，最宽处近叶的基部；

卵圆形：长宽近相等，形似圆盘；

三角形：叶片基部宽阔平截，两侧向顶端汇集，呈三边近相等的形态；

心形：长宽比例如卵形，但基部宽圆而微生凹，先端急尖，全形似心脏；

镰形：叶片狭长而稍弯曲，呈镰刀状；

椭圆形：叶片中部宽而两端较狭，两侧叶缘成弧形；

扇形：形状如扇。

以上是几种较常见的叶形，除此以外还有阔椭圆形、剑形、锲形、箭形等。

4．花

花是适应于生殖的变态短枝。被子植物典型的花由花梗、花托、花萼、花冠、雄蕊群和雌蕊群几部分组成。

(1) 花冠类型

由于花瓣分离或连合、花瓣形状、大小、花冠筒长短不同，形成各种类型的花冠，主要有下列几种：

① 蔷薇花冠：花瓣5枚或更多，分离，成辐射对称排列。

② 十字形花冠：花瓣4枚，离生，排列成十字形。

③ 蝶形花冠：花瓣5枚，离生，成两侧对称排列，最上一枚花瓣最大，称旗瓣；侧面两枚较小，称翼瓣；最下面两枚合生并弯曲成龙骨状，称龙骨瓣。

④ 唇形花冠：花瓣5枚，基部合生成筒状，上部裂片分成二唇状，两侧对称。

⑤ 漏斗形花冠：花瓣5枚全部合生成漏斗形。

⑥ 管状花冠：花瓣连合成管状，花冠裂片向上伸展。

⑦ 舌状花冠：花瓣基部连生成短筒，上部连生并向一边开张成扁平状。

⑧ 钟形花冠：花冠筒宽而稍短，上部扩大成钟形。

⑨ 辐射状花冠：花冠筒极短，花冠裂片向四周辐射状伸展。

(2) 花序类型

花序：是指数朵小花在花序轴上按一定排列方式着生。花序分为无限花序和有限花序两大类。

① 无限花序

无限花序是一种类似总状分枝的花序,开花顺序是花序轴下部或周围的小花先开放,渐及上部或向中心依次开放,而花序轴可继续生长。

按其结构形式可分为:

a. 总状花序:花有梗,排列在一个不分枝且较长的花序轴上,小花柄长度相等。

b. 穗状花序:花轴直立,较长,小花的排列与总状花序相似,但小花无柄或近无柄,直接生长在花序轴上呈穗状。

c. 葇荑花序:花序轴柔软,常下垂,小花无柄,单性,花后整个花序或连果一齐脱落。

d. 肉穗花序:花序轴肉质化,呈棒状,小花无柄,单性。大多数花序下面有大型的佛焰苞片,故也称佛焰花序。

e. 伞形花序:花序轴极短,许多小花从顶部同时生出,小花柄近等长或不等长,状如张开的伞。

f. 伞房花序:花序轴较短,下部小花柄较长,向上渐短,近顶端的小花柄最短,小花排列在一个平面上。

g. 头状花序:小花无柄,集生于一平坦或隆起的总花托上,而成一个球状或碗状的头状体,外围有1层或多层总卷片。

② 有限花序

有限花序或离心花序,也叫聚伞花序。花序中最顶端或最中心的小花先开放,渐及下边或周围,花序轴不再延长。

依每级分歧数目的多少可分为:

a. 单歧聚伞花序:主轴上小花开放后,侧枝又在顶端着生小花,逐次继续下去,各次分枝的方向又有变化。

b. 二歧聚伞花序:每次具有两个分枝的聚伞花序。

c. 多歧聚伞花序:顶花下的主轴产生三枚以上分枝,每分枝又自成一个小的聚伞花序。

5. 果实

根据果实的形态结构可分为三大类,即单果、聚合果和复果。

(1) 单果

单果是由一朵花中的一个单雌蕊或复雌蕊发育而成的。根据果皮及其附属部分成熟时果皮的质地和结构,可分为干果和肉质果两类。

① 干果

干果成熟时果皮干燥,根据果皮开裂与否,可分为裂果和闭果。

a. 裂果:果实成熟后果皮开裂,有蓇葖果、荚果、角果、蒴果等。

b. 闭果:果实成熟后,果皮不开裂,有瘦果、颖果、坚果、翅果等。

② 肉质果

肉质果是指果实成熟时,果皮或其他组成部分,肉质多汁,常见的有浆果、柑果、核果、梨果、瓠果等。

(2) 聚合果

聚合果是由一朵花中多数离生心皮的雌蕊发育而来,每一雌蕊都形成一个独立的单果,集生在膨大的花托上。因单果不同,聚合果可以是聚合蓇葖果,也可以是聚合瘦果,或者是聚合核果。

(3) 聚花果

聚花果(复果)是由整个花序发育而成的果实。花序中的每朵花形成独立的单果,聚集在花序轴上,外形似一枚完整的果实。

6. 种子

种子是受精后的胚珠发育而成的结构。种子的外部结构为种皮,种皮内部的幼小植物体为胚。种皮上有种子成熟后脱落时留下的瘢痕,即种脐;还常有各种形状的突起物,称为种阜。

有些植物的种子中有胚乳,即有胚乳种子;另一些植物的成熟种子中已不存在胚乳,即无胚乳种子。

胚包括胚根、胚轴、胚芽和子叶4个部分。根据胚所具子叶数目可将种子分为单子叶种子和双子叶种子。

三、图例

1．根（图 1）

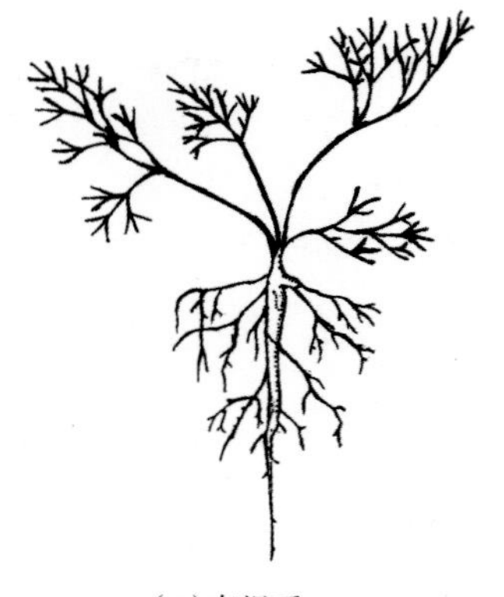

（A）直根系

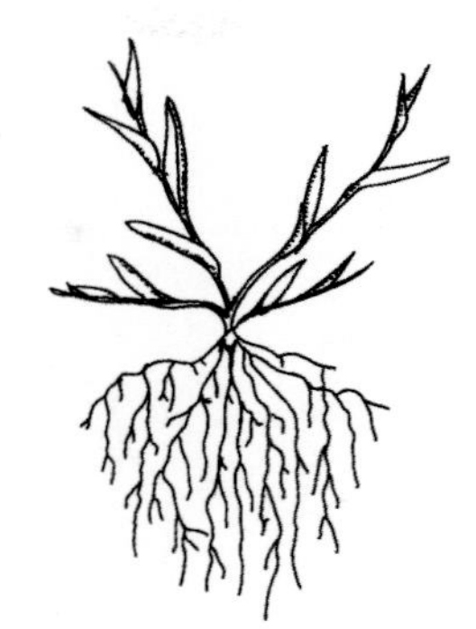

（B）须根系

图 1*

2．茎（图 2）

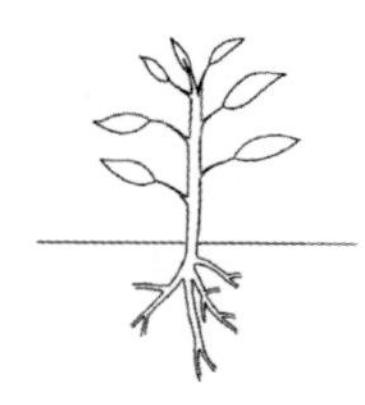

直立茎

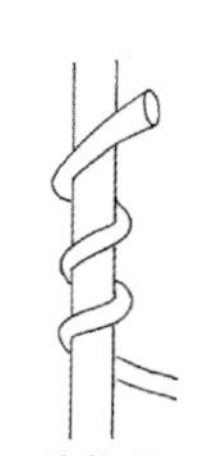

缠绕茎

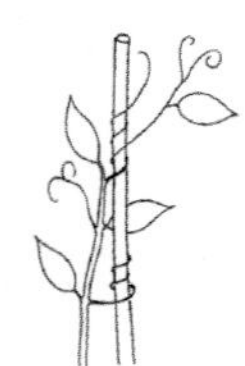

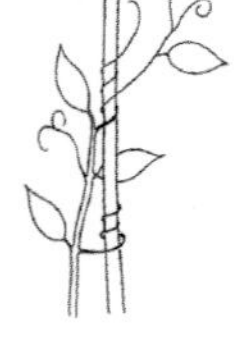

攀援茎

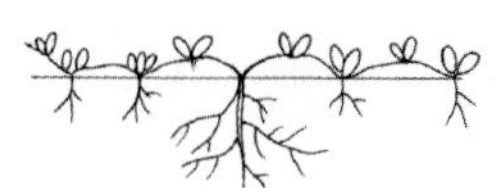

匍匐茎

平卧茎

平行茎

图 2

*此图及本部分图片仿自网络。

3．叶(图3)

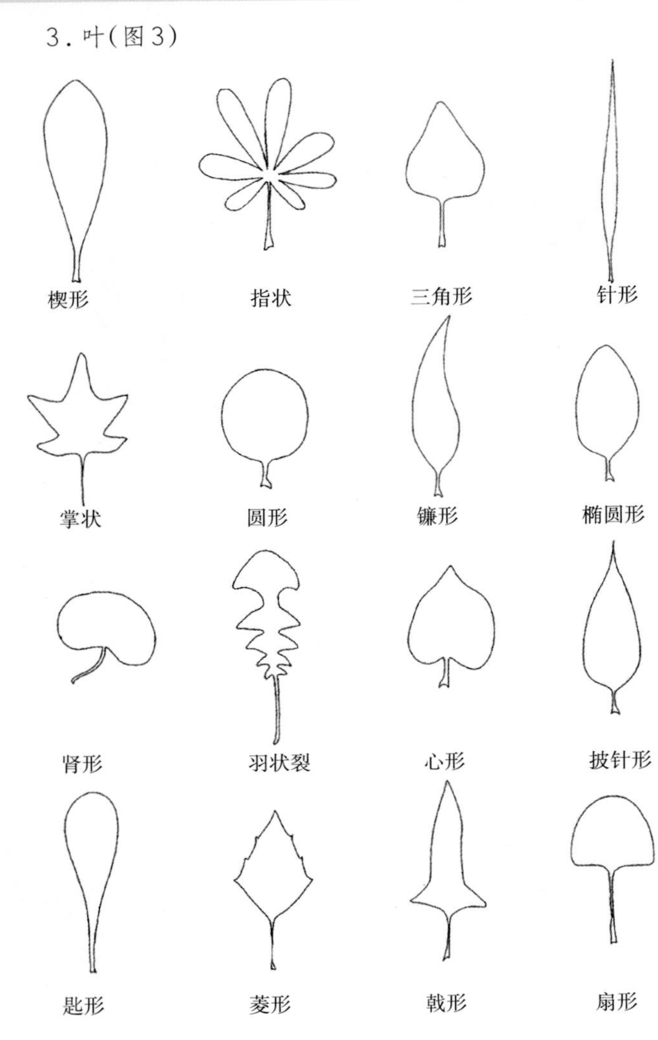
楔形
指状
三角形
针形
掌状
圆形
镰形
椭圆形
肾形
羽状裂
心形
披针形
匙形
菱形
戟形
扇形

图3

4．花（图4、图5）

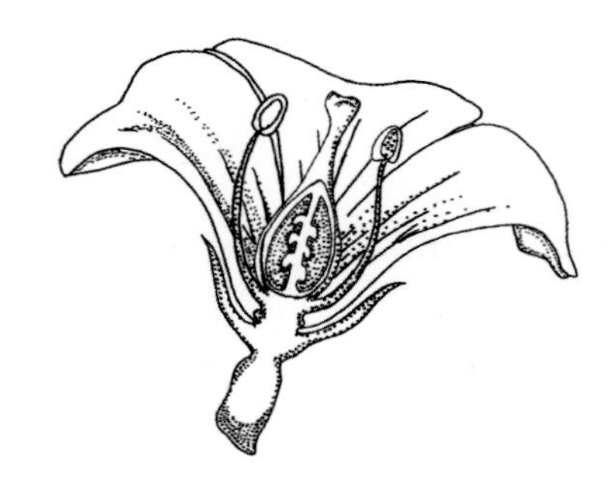

图4

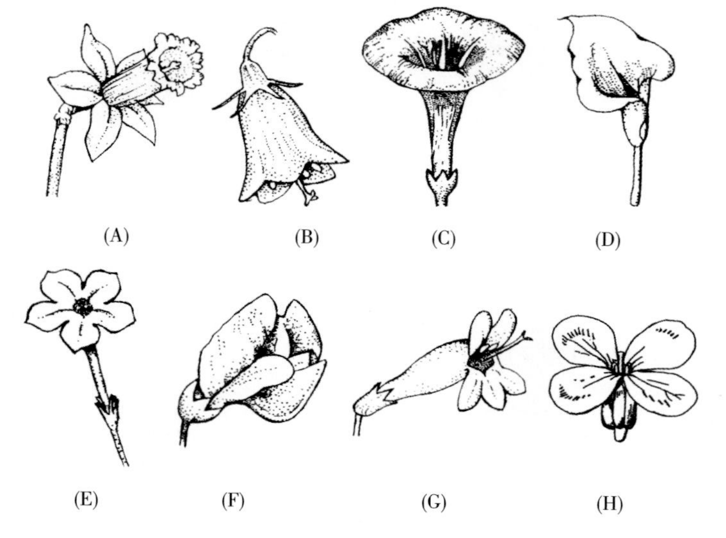

图5

(A)具副花冠；(B)钟形；(C)漏斗形；(D)具佛焰苞；
(E)高脚杯形；(F)蝶形；(G)唇形；(H)十字形

5. 花序(图6)

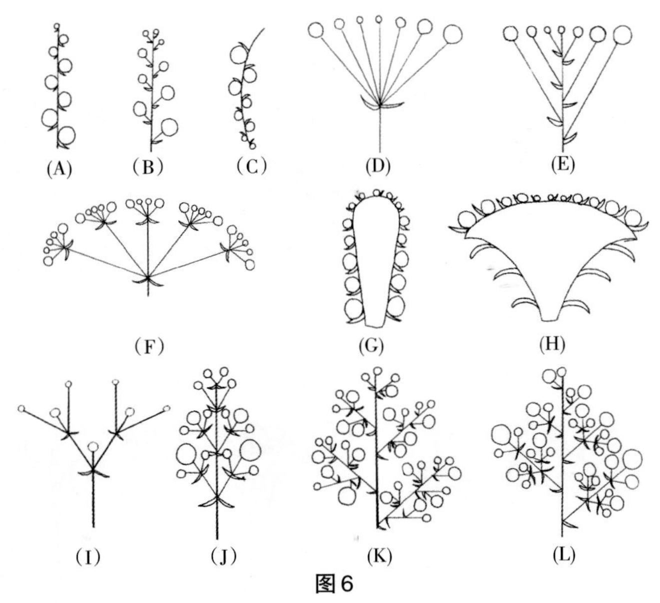

图6

(A) 穗状花序;(B) 总状花序;(C) 葇荑花序;(D) 伞形花序;(E) 伞房花序;(F) 复伞形花序;(G) 肉穗花序;(H) 头状花序;(I) 聚伞花序;(J) 轮伞花序;(K) 圆锥花序;(L) 聚伞圆锥花序

6. 果实(图7)

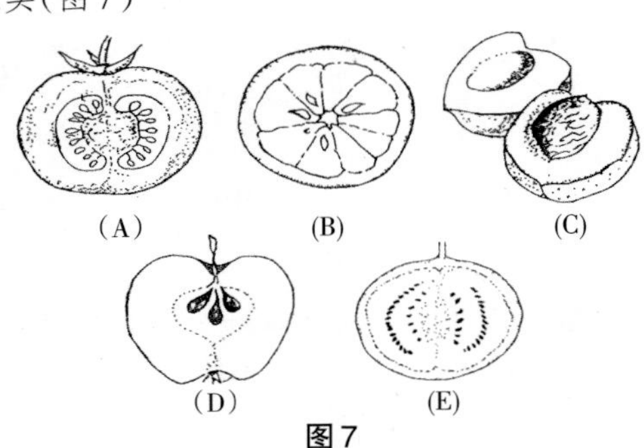

图7

(A) 浆果;(B) 柑果;(C) 核果;(D) 梨果;(E) 瓠果

后记

我曾无数次幻想全书编完开始写后记的场景，又无数次压抑住自己对这个场景的幻想，而这个美妙的时刻终于到来之时，我却又胆怯得不敢下笔。对于一个普通的本科生而言，能够参与编写这本校园植物图鉴既是幸运，也是责任，而现在这份重担终于卸下，这一年多来的所有艰难与波折烟消云散，取而代之的，是满满的欣喜与感动。

时光匆匆，恐怕当时谁也不会想到，钱栎屾师兄和沈显生老师讨论毕业论文时我不经意的一句插嘴，“好多资料，我们编一本校园植物志吧”，居然能在一年之后成为现实。中国科大的校园里有320种植物，我们挑选出229种常见且有鉴赏价值的种类，精心拍摄，选择照片，再附上识别特征和分布情况；甚至，严谨的钱师兄还为许多植物添加了学名来源的小故事。屡次的内容修改，丰富了本书内容，亦提高了我们的专业素养。而仅仅如此，并不满足老师和同学们对这本书的期待，为了让本书更加易读，我们还增加了植物学基础知识的介绍与图例，以便大家理解。本书的篇幅也许并不算很大，但是对于我和钱师兄两个初涉植物学的本科生而言，却实实在在是一项巨大的挑战，幸而，在中国科大这个温暖的大家庭里，总是有那么多的好心人，愿意无私地帮助我们，在此，我想一一列出，表达我们真诚的谢意。

首先，要感谢的自然是一直关心、鼓励我们的沈显生老师。从生态学实习培养我们的兴趣，到生态学理论课教授我们实用的知识，再到时时刻刻耐心、认真地解答我们的疑难，协助我们校对、修改书稿，沈老师对我们的支持如春风细雨，无微不至。感谢对我们倾囊相授的沈老师，在他的鼓励下，我们才能不言放弃。

感谢教务处和生命科学学院，慷慨地提供了出版资金，让我们能够没有后顾之忧地进行编写。

还要感谢中国科学技术大学出版社的编辑，由于钱师兄已经毕业，而我又要出境交流，出版时间屡次推迟，感谢他们对我们的宽容，也感谢他们对我们在书稿上的指导。

在本书的编写过程中，还有很多老师、同学都给我们提供了帮助。这里我们要感谢生命科学学院的黄丽华老师指导我们辨认植物，感谢邱智勇老师对我们在植物绘图方面提供的辅导，感谢生命科学学院 2012 级本科生宋琰娟同学和计算机科学与技术学院 2015 级硕士研究生李进阳同学帮助我们加工文字，感谢中国科大许许多多的老师对本书的关心和支持。

而最要感谢的，自然是中国科大。科大人，曾经对我而言只是一个简单的名号，只是意味着我与很多很多的人曾在同一学校就读。可是，在完成了这个对我来说意义非凡的“工程”之后，科大人，对我而言，似乎又多了许多含义。感激中国科大的培养，让我如世世代代科大人一样，有扎实的基础去编书，有足够的勇气去接受挑战，有不懈的坚持去克服种种困难。

每年春天，樱花大道熙熙攘攘，而那株名叫“御衣黄”的樱花树更是被好奇的人们围得水泄不通；转眼到了夏季，眼镜湖面荷叶田田，三三两两的毕业生在那里对科大挥手作别；一场秋雨过后，也西湖里池杉齐刷刷地变了颜色，夕阳下，水面上的金色倒影随微风悠悠地晃；冬季雪后，北门草坪上冒出了许多造型各异的雪人，而九曲桥尽头湖心岛上繁密的树林便显得更加幽静。四季变迁，一茬一茬的学生来到这里，又一个接一个地离开，不知其中有多少人，曾对那些默默陪伴我们的花草起过几分好奇。愿这本精美的小书，能唤起读者一缕对身边草木的关心，能以另一种方式，带大家欣赏这个熟悉而又有些许陌生的校园。

邱燕宁

2015 年 12 月